Safa Rguez
Majdi Hamammi
Ibtissem Hamrouni Sallami

Fisiologia Vegetal Avançada: Da Raiz à Flor

Safa Rguez
Majdi Hamammi
Ibtissem Hamrouni Sallami

Fisiologia Vegetal Avançada: Da Raiz à Flor

Uma abordagem simplificada

ScienciaScripts

Imprint

Any brand names and product names mentioned in this book are subject to trademark, brand or patent protection and are trademarks or registered trademarks of their respective holders. The use of brand names, product names, common names, trade names, product descriptions etc. even without a particular marking in this work is in no way to be construed to mean that such names may be regarded as unrestricted in respect of trademark and brand protection legislation and could thus be used by anyone.

Cover image: www.ingimage.com

This book is a translation from the original published under ISBN 978-620-6-70665-6.

Publisher:
Sciencia Scripts
is a trademark of
Dodo Books Indian Ocean Ltd. and OmniScriptum S.R.L publishing group

120 High Road, East Finchley, London, N2 9ED, United Kingdom
Str. Armeneasca 28/1, office 1, Chisinau MD-2012, Republic of Moldova, Europe
Printed at: see last page
ISBN: 978-620-7-65785-8

Fisiologia Vegetal Avançada: Da Raiz à Flor

Por
RGUEZ Safa
HAMMAMI Majdi
HAMROUNI SELLAMI Ibtissem

Índice

Prefácio

Num mundo em que o tempo parece estar a acelerar e em que cada dia traz a sua quota-parte de novas descobertas e desafios, a leitura continua a ser um refúgio intemporal, uma porta aberta para mundos infinitos de aprendizagem e reflexão. É com este espírito que o convido a mergulhar nas páginas deste livro, um oásis de conhecimento e exploração, onde a curiosidade é a nossa bússola e a descoberta a nossa recompensa.

Na nossa busca incessante de compreensão e significado, os livros continuam a ser companheiros fiéis, guiando-nos através das voltas e reviravoltas da história, da ciência, da filosofia e da imaginação. São faróis no oceano da ignorância, iluminando o nosso caminho com a luz do conhecimento e da sabedoria acumulados ao longo dos séculos.

Este livro que tem nas suas mãos é muito mais do que uma simples coleção de palavras impressas em papel. É uma viagem, uma aventura intelectual que o levará a terras distantes e a ideias profundas, convidando-o a explorar os tesouros escondidos da mente humana e os mistérios insondáveis do universo.

Ao virar as páginas, descobrirá histórias cativantes, análises perspicazes e perspectivas únicas sobre uma multiplicidade de assuntos. Quer seja um investigador com sede de conhecimento, um sonhador à procura de inspiração ou um viajante da mente ansioso por aventuras, há algo neste livro que capta a sua imaginação e expande os seus horizontes.

Assim, que este livro se torne o seu companheiro de viagem, um guia para novos horizontes e uma fonte inesgotável de admiração e reflexão. Que as suas páginas o inspirem, eduquem e enriqueçam, e que alimentem a sua mente e alma muito depois de ter fechado a capa.

Que este seja o início de uma viagem inesquecível, um convite para explorar as maravilhas do mundo e as profundezas do seu próprio ser. E que cada página que virar o aproxime um pouco mais da verdade, da beleza e da grandeza que nos rodeiam a todos.

Bon voyage, caro leitor, e que esta aventura literária lhe traga tanta alegria e enriquecimento como me trouxe a mim ao criá-la.

Com os melhores cumprimentos,

Dr. RGUEZ Safa

Introdução

Na complexa teia do reino vegetal, a fisiologia vegetal avançada destaca-se como uma chave de ouro, abrindo as portas misteriosas dos processos biológicos que impulsionam a vida das plantas. Como um poema ecológico, este campo científico revela as subtis complexidades que guiam o crescimento, a reprodução e a interação das plantas com o seu ambiente. Advanced Plant Physiology: From Root to Blossom é uma expedição cativante ao coração desta sinfonia botânica.

Nesta busca de conhecimento, estamos intrigados com a importância crucial de compreender os processos fisiológicos, a fim de cultivar uma compreensão profunda e, por éxtensão, otimizar o crescimento das plantas. Longe de serem meras entidades estáticas, as plantas são seres dinâmicos, respondendo de forma requintada a um complexo ballet de sinais internos e externos. Esta exigente dança biológica, orquestrada a nível celular, tecidular e orgânico, é simultaneamente uma obra de arte e um desafio a desmistificar.

A primeira etapa desta odisseia científica é uma exploração aprofundada do contexto da fisiologia vegetal avançada. Este contexto é tecido nos fios da fotossíntese, da respiração celular, da transpiração e de uma miríade de processos celulares que sustentam a vida das plantas. Para além da simples observação do crescimento externo, é a compreensão destes processos íntimos que nos permite compreender a verdadeira natureza das plantas e apoiá-las enquanto florescem.

O livro propõe-se desvendar esta fascinante complexidade, oferecendo um olhar aprofundado sobre os diferentes aspectos da fisiologia das plantas. Desde as raízes que se enterram no solo em busca de nutrientes até às folhas que se desenrolam e que funcionam como armadilhas de luz para a fotossíntese, cada capítulo detalha as subtilezas e adaptações dos processos fisiológicos essenciais que moldam o curso da vida das plantas.

Para além de uma pura exposição dos factos, o livro pretende estimular uma reflexão mais ampla sobre a importância da fisiologia vegetal no nosso mundo. As implicações práticas deste conhecimento estendem-se aos domínios da agricultura, botânica, farmacologia e outros. Como podemos nós, enquanto guardiões responsáveis do planeta, integrar este conhecimento para promover uma coexistência mais harmoniosa com o mundo vegetal e, por extensão, com o nosso próprio ecossistema?

Por isso, junte-se a nós numa viagem onde a ciência e a poesia se encontram nos sulcos das raízes, onde as folhas contam histórias de fotossíntese e onde as flores são poemas efémeros no grande livro da vida das plantas. Esta introdução revela apenas a superfície de uma exploração rica e cativante que promete iluminar, inspirar e transformar a nossa compreensão da fisiologia avançada das plantas. Bem-vindo a este jardim de aprendizagem onde cada página é uma folha que se desdobra para revelar os mistérios da vida das plantas.

A. Fundamentos de Fisiologia Vegetal

1. Definição de fisiologia vegetal e do seu papel no desenvolvimento das plantas

A fisiologia vegetal é o ramo da biologia que se centra no estudo dos processos vitais e das funções mecânicas que regem o desenvolvimento, o crescimento e a reprodução das plantas. O seu objetivo é compreender como as diferentes partes de uma planta, desde as células aos órgãos, interagem para sustentar a vida e permitir a adaptação a vários ambientes (Zavafer et al., 2023).

A fisiologia vegetal desempenha um papel fundamental no desenvolvimento das plantas. Explora os mecanismos moleculares, celulares e tecidulares que permitem às plantas desempenhar funções vitais, como a fotossíntese, a respiração, a absorção de nutrientes, o transporte de água e de substâncias, a regulação do crescimento, a reprodução e a resposta a estímulos ambientais (Jain, 2018).

1.1. Fotossíntese

A fisiologia vegetal estuda o processo pelo qual as plantas convertem a energia solar em energia química, armazenada sob a forma de glucose, através da fotossíntese. Esta reação química é crucial para a produção de alimentos e energia para a planta (Ferry & Ward, 1959).

1.2. Respiração

Também examina o processo de respiração, em que as plantas libertam a energia armazenada na glicose para alimentar os seus processos metabólicos. A respiração das plantas é essencial para o crescimento e a manutenção das funções celulares (Ferry & Ward, 1959).

1.3. Absorção de nutrientes

A fisiologia vegetal analisa a forma como as raízes das plantas absorvem os nutrientes essenciais do solo, como o azoto, o fósforo e o potássio, que são necessários para o crescimento e o desenvolvimento. (Ferry & Ward, 1959).

1.4. Transporte de água e substâncias

Explora os mecanismos pelos quais a água, os nutrientes e outras substâncias são transportados através da planta, em particular o fenómeno da transpiração e da ascensão da seiva (Ferry & Ward, 1959).

1.5. Crescimento e desenvolvimento

A fisiologia vegetal examina os processos que regulam o crescimento das células e dos tecidos, bem como os factores que influenciam o desenvolvimento dos órgãos e estruturas vegetais. (Ferry & Ward, 1959).

1.6. Respostas a estímulos

Estuda a forma como as plantas detectam e respondem a estímulos ambientais como a luz, a gravidade, a temperatura e os sinais químicos, a fim de se adaptarem a condições variáveis. (Ferry & Ward, 1959).

Em suma, a fisiologia vegetal fornece um quadro analítico essencial para a compreensão dos mecanismos biológicos complexos que permitem às plantas sobreviver, crescer e reproduzir-se numa variedade de ecossistemas. O seu papel ultrapassa a simples observação das plantas, contribuindo para o desenvolvimento de estratégias agronómicas sustentáveis, para a biotecnologia vegetal e para a resolução dos desafios ambientais e de segurança alimentar.

2. Estudo das estruturas básicas das células, dos tecidos e dos órgãos

O estudo das estruturas básicas em fisiologia vegetal é um pilar fundamental para a compreensão do funcionamento complexo das plantas a diferentes níveis de organização, desde as células individuais até aos órgãos especializados. Esta exploração aprofundada das estruturas básicas fornece uma visão da coordenação harmoniosa necessária para a vida das plantas e oferece um vislumbre das adaptações surpreendentes que permitem às plantas adaptarem-se a uma variedade de ambientes (Brett & Waldron, 1996).

2.1. Células vegetais

Parede celular: A fisiologia vegetal centra-se na parede celular, uma caraterística distintiva das células vegetais, que proporciona apoio e proteção e influencia as trocas com o ambiente. (Showalter, 1993).

Cloroplastos: A análise dos cloroplastos realça o seu papel crucial na fotossíntese, convertendo a luz solar em energia química e produzindo oxigénio (Showalter, 1993).

Vacúolo: O grande vacúolo, central em muitas células vegetais, é estudado pelas suas funções de armazenamento, degradação de resíduos e regulação osmótica (Showalter, 1993).

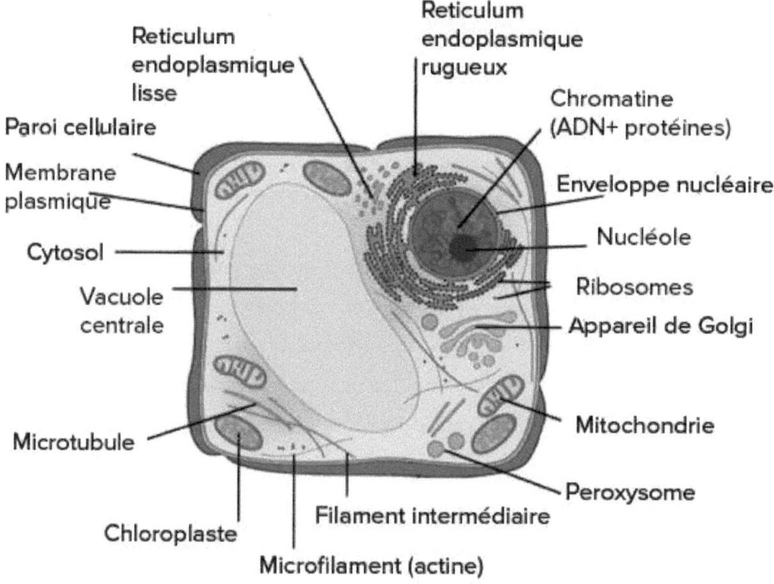

Figura 1. Diagrama de uma célula vegetal típica

(Revisão das células vegetais e animais (lição) | Khan Academy, n.d.)

2.2. Fábricas de tecidos

Meristemas: O estudo dos meristemas, tecidos indiferenciados, ajuda-nos a compreender o crescimento e o desenvolvimento das plantas (Evert, 2006).

Tecidos condutores A fisiologia explora os tecidos condutores, xilema e floema, que facilitam o transporte de água, nutrientes e produtos fotossintéticos através da planta. (Evert, 2006).

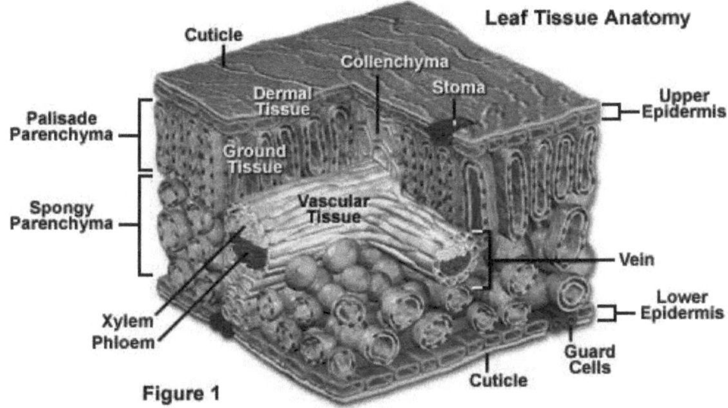

Figura 2. Diagrama de tecido vegetal
(*Molecular Expressions Cell Biology: Plant Cell Structure - Leaf Tissue Organization*, n. d.)

2.3. Órgãos vegetais

Raízes A análise das raízes examina a sua estrutura adaptativa para absorver nutrientes e fixar-se no solo.

A Fisiologia **dos Caules** explora os caules como órgãos de suporte e transporte, com especial incidência nos nós, entrenós e gomos.

Folhas O estudo das folhas revela a sua anatomia especializada, envolvida na captação da luz, na fotossíntese e na regulação da transpiração.

Cada nível de organização, desde a célula até aos órgãos, está intrinsecamente ligado ao funcionamento harmonioso de uma planta. O estudo aprofundado destas estruturas básicas permite-nos apreender os fundamentos da fisiologia vegetal e compreender como as plantas respondem aos estímulos ambientais, coordenam o seu crescimento e asseguram a sua sobrevivência numa variedade de condições. Este conhecimento fundamental fornece a base para domínios como a genética vegetal, a agronomia e a biotecnologia, abrindo caminho para avanços significativos na compreensão e manipulação de processos vitais das plantas.

3. Princípios da fotossíntese e da respiração celular

Os princípios da fotossíntese e da respiração celular estão no centro dos processos energéticos que regem a vida das plantas. Estes dois mecanismos complementares permitem às plantas gerar energia a partir de fontes externas, transformando a luz solar em moléculas de energia utilizáveis e convertendo estas moléculas na energia necessária às funções celulares. Esta simbiose energética entre a fotossíntese e a respiração celular é essencial para a sobrevivência e o crescimento das plantas (Rabinowitch, 1949).

3.1. Fotossíntese

A fotossíntese é um processo biológico complexo através do qual as plantas convertem a energia luminosa em energia química armazenada em moléculas orgânicas, principalmente a glucose. Os principais pontos a considerar são :

Captação de luz: Os pigmentos de clorofila nos cloroplastos absorvem a luz solar, dando início ao processo fotossintético (Yoshihara & Kumazaki, 2000).

Reacções luminosas: No interior dos tilacóides, as reacções luminosas separam a água em oxigénio, protões e electrões. A energia libertada é utilizada para sintetizar ATP e NADPH (Yoshihara & Kumazaki, 2000)..

Ciclo de Calvin: No estroma dos cloroplastos, o ciclo de Calvin utiliza ATP e NADPH para fixar o dióxido de carbono e produzir moléculas orgânicas, principalmente glucose (Yoshihara & Kumazaki, 2000).

Equação global: A equação global para a fotossíntese é $6\ CO_2 + 6\ H_2O + luz \rightarrow C_6H_{12}O_6 + 6\ O_2$ (Yoshihara & Kumazaki, 2000).

Figura 3. Fotossíntese
(*Photosynthesis*, 2020)

3.2. Respiração celular

A respiração celular é um processo em que as plantas (e outros organismos) decompõem moléculas orgânicas para libertar energia armazenada, geralmente sob a forma de ATP. As etapas principais incluem (Songer & Mintzes, 1994):

Glicólise: No citoplasma, a glicólise decompõe a glicose em duas moléculas de piruvato, produzindo uma pequena quantidade de ATP.

Ciclo de Krebs: Na mitocôndria, o ciclo de Krebs oxida o piruvato, libertando electrões que alimentam a cadeia de transporte de electrões.

Cadeia de transporte de electrões : Os electrões movidos ao longo desta cadeia geram energia que é utilizada para bombear protões através da membrana mitocondrial.

Síntese de ATP: Os protões regressam à matriz mitocondrial através da ATP sintase, produzindo ATP.

Equação global: A equação global para a respiração celular é $C_6H_{12}O_6 + 6\ O_2 \rightarrow 6\ CO_2 + 6\ H_2O$ + energia (na forma de ATP).

Estes dois processos estão interligados: a fotossíntese produz o combustível necessário para a respiração celular, enquanto a respiração celular fornece a energia necessária para os processos celulares, incluindo a fotossíntese. Desta forma, a simbiose entre a fotossíntese e a respiração celular permite que as plantas mantenham um equilíbrio energético dinâmico para apoiar o seu crescimento e sobrevivência.

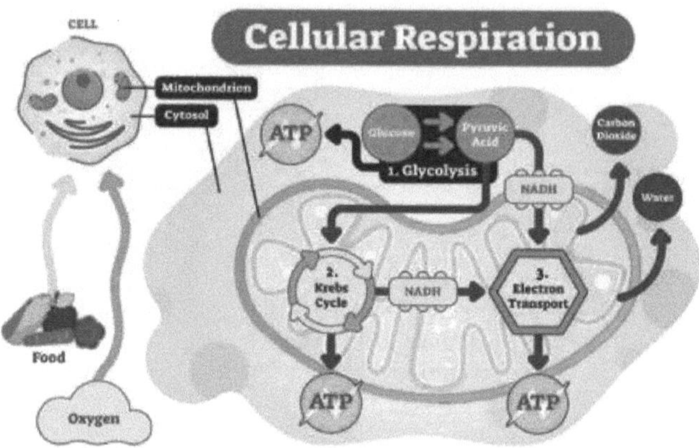

Figura 4. Respiração celular

(Respiração celular - Definição e exemplos - Dicionário Online de Biologia, 2023)

B. A raiz e a absorção de nutrientes

1. Estrutura e função da raiz

As raízes das plantas são estruturas essenciais que desempenham um papel fundamental na fixação das plantas no solo, na absorção de nutrientes e na interação com o ambiente. A estrutura complexa das raízes está adaptada a várias funções vitais necessárias para o crescimento e sobrevivência das plantas (Barber & Silberbush, 1984).

1.1. Estrutura da raiz

Calota (ou *caliptra*): Na ponta das raízes, o chapéu protege a zona de crescimento ativo chamada meristema, proporcionando proteção ao penetrar no solo.

Zona de crescimento (ou Meristema): Esta região, logo atrás do chapéu, é responsável pelo crescimento em comprimento das raízes. As células meristemáticas dividem-se ativamente, gerando novos tecidos.

Pêlos **radiculares:** Os pêlos radiculares são pequenas projecções unicelulares localizadas ao longo da superfície da raiz. Aumentam a superfície de absorção, facilitando a absorção de água e de nutrientes.

Epiderme: A camada exterior das raízes, a epiderme, é constituída por células protectoras que regulam a absorção dos nutrientes e as trocas gasosas.

Córtex: O córtex é a camada de tecido entre a epiderme e o cilindro central. Armazena reservas de nutrientes e facilita o transporte radial de substâncias.

Cilindro central (ou Estela): No centro das raízes encontra-se o cilindro central, que contém o xilema (transporte de água) e o floema (transporte de nutrientes).

Endoderme: A camada interna do córtex, conhecida como endoderme, actua como uma barreira selectiva, controlando a passagem de substâncias para o cilindro central.

Periciclo: Esta camada dá origem a raízes laterais e pode diferenciar-se em tecido vascular adicional.

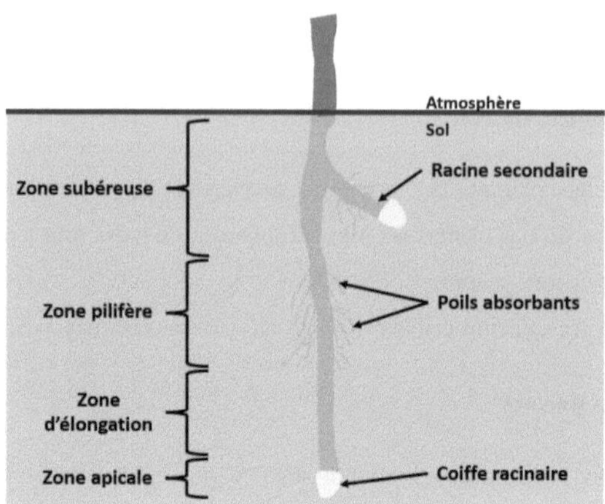

Figura 5. As diferentes zonas de uma raiz axial
(*O sistema radicular*, n.d.)

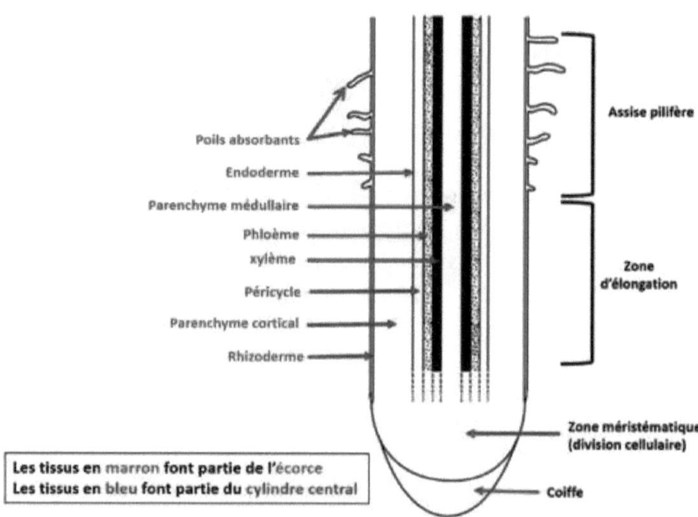

Figura 6. Estrutura primária interna da raiz (monocotiledóneas)
(*O sistema radicular*, n.d.)

1.2. Funções de raiz

Absorção de nutrientes: As raízes absorvem ativamente a água e os nutrientes essenciais do solo, como os iões minerais, que são necessários para o crescimento e o desenvolvimento das plantas (Hodge et al., 2009).

Ancoragem no solo: As raízes ancoram a planta no solo, proporcionando estabilidade e apoio estrutural, particularmente importante para as plantas em crescimento (Hodge et al., 2009).

Armazenamento de nutrientes: O córtex da raiz pode funcionar como uma área de armazenamento de reservas de hidratos de carbono, lípidos e outros nutrientes, assegurando um fornecimento constante de energia (Hodge et al., 2009).

Interação com microrganismos: As raízes interagem com os microrganismos do solo, estabelecendo simbioses benéficas, como a micorriza, que melhoram a absorção de nutrientes (Hodge et al., 2009).

Papel na sinalização ambiental: As raízes podem detetar sinais ambientais como a gravidade, a humidade do solo e a presença de substâncias químicas, regulando assim o crescimento e o desenvolvimento. (Hodge et al., 2009).

Formação de raízes laterais: O periciclo permite a formação de raízes laterais, alargando a zona de absorção e melhorando a eficiência global da planta (Hodge et al., 2009).

Em suma, a estrutura e a função das raízes estão intimamente ligadas, contribuindo de forma crucial para a sobrevivência e prosperidade das plantas, permitindo-lhes adaptar-se às condições do solo e tirar partido dos recursos disponíveis.

2. Processo de absorção de nutrientes do solo

O processo de absorção de nutrientes do solo pelas raízes das plantas é um aspeto fundamental da fisiologia vegetal. Esta absorção é crucial para o crescimento, desenvolvimento e manutenção das funções metabólicas das plantas. O processo de absorção de nutrientes envolve uma série de etapas complexas e coordenadas ao nível das raízes. Segue-se uma explicação pormenorizada deste processo:

2.1. Libertação de substâncias através das raízes

As raízes libertam iões de hidrogénio (H⁺) para o solo num processo chamado
rizodeposição. Isto acidifica a rizosfera, a zona do solo que rodeia diretamente as raízes
(El Mekdad, 2023).

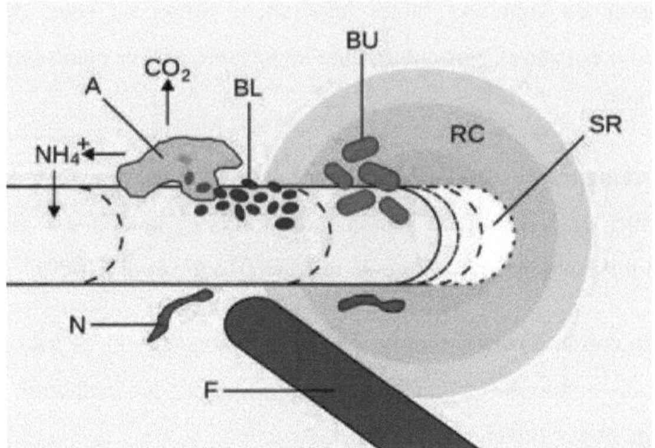

Figura 7. Rizodeposição: secreção de carbono para a rizosfera.
("Rhizodeposition", 2023)

2.2. Acidificação da rizosfera

A acidificação da rizosfera facilita a dissolução dos minerais do solo em iões,
tornando-os disponíveis para serem absorvidos pelas raízes (El Mekdad, 2023).

2.3. Absorção de nutrientes pelos pêlos radiculares

Os pêlos radiculares, pequenas projecções unicelulares nas raízes, aumentam a
superfície de absorção. São responsáveis pela absorção ativa dos nutrientes do solo, como
os iões minerais (nitrato, fosfato, potássio, etc.). (El Mekdad, 2023).

2.4. Transporte ativo

O processo de absorção de nutrientes é frequentemente um transporte ativo, que
requer energia para mover os iões contra o seu gradiente de concentração. As bombas de
iões na membrana das células da raizestão envolvidas neste processo (El Mekdad, 2023).

2.5. Seleção e especificidade

As raízes têm uma certa especificidade no que respeita à absorção de nutrientes. Os canais iónicos selectivos permitem a entrada selectiva de certos iões em função das necessidades da planta radicular (El Mekdad, 2023).

2.6. Micorrizas

As associações simbióticas com fungos micorrízicos podem facilitar a absorção de nutrientes. As hifas dos fungos alargam a zona de absorção e facilitam a troca de nutrientes entre a planta e o solo radicular (El Mekdad, 2023).

2.7. Transporte radial

Os nutrientes absorvidos passam através do córtex da raiz e atingem o cilindro central onde são transportados para cima através do xilema da raiz (El Mekdad, 2023).

2.8. Interação com a endoderme

A endoderme, uma camada de células impermeáveis na base do córtex, regula a passagem dos nutrientes para o cilindro central, assegurando uma absorção selectiva da raiz. (El Mekdad, 2023).

2.9. Translocação na planta

Uma vez no cilindro central, os nutrientes são transportados através do xilema para as várias partes da planta, onde são utilizados para o crescimento, o metabolismo e outros processos vitais da raiz. (El Mekdad, 2023).

Este processo complexo de absorção de nutrientes demonstra como as plantas se adaptam para maximizar a utilização dos recursos disponíveis no seu ambiente. A coordenação precisa entre as diferentes estruturas e funções das raízes é essencial para garantir um fornecimento adequado de nutrientes para a planta.

3. Interação com os microrganismos do solo

A interação entre as raízes das plantas e os microrganismos do solo é um aspeto fundamental da fisiologia vegetal. Estas interacções são diversas e complexas, desempenhando um papel crucial na nutrição das plantas, na saúde do solo e até na resistência às doenças. Eis algumas das principais formas de interação entre as raízes e os microrganismos do solo (Kolb et al., 2017) :

3.1. Micorrizas

As micorrizas são associações simbióticas entre as raízes das plantas e os fungos micorrízicos. Estes fungos formam hifas que alargam a zona de absorção da raiz, facilitando a absorção de nutrientes, em particular fosfatos, e aumentando a resistência a stresses ambientais (Fortin et al., 2008)

Figura 8. Micorrizas
(*Mycorhize*, n.d.)

3.2. Rhizobium e fixação de azoto

Certos microrganismos, como as bactérias do género Rhizobium, estabelecem uma simbiose com as raízes das leguminosas. Estas bactérias fixam o azoto atmosférico, transformando-o numa forma utilizável pelas plantas, melhorando assim a nutrição azotada das plantas hospedeiras (Galiana, 1990).

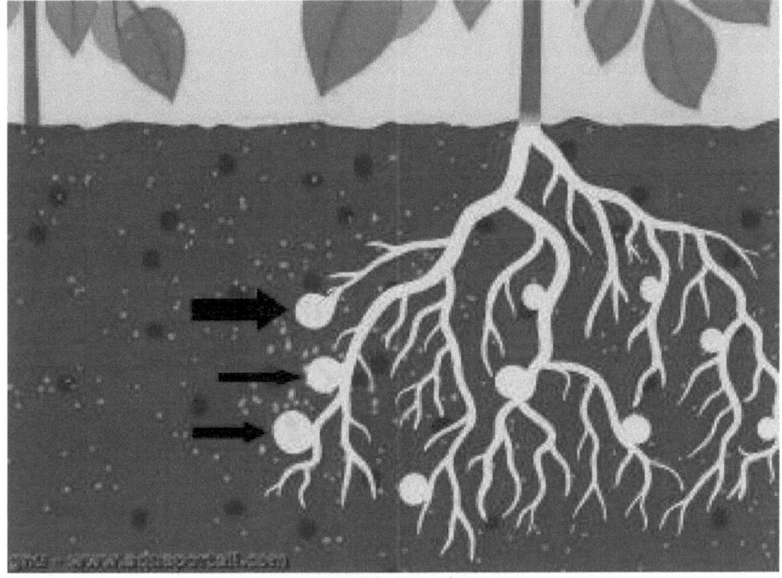

Figura 9. Fixação do azoto
(*Fixação do azoto*, n.d.)

3.3. Exsudados radiculares e sinalização

As raízes libertam exsudados radiculares, compostos orgânicos como açúcares e ácidos, que servem de nutrientes para os microrganismos do solo. Em contrapartida, estes microrganismos podem libertar compostos que são benéficos para a planta, e esta interação cria um ambiente rizosférico específico (Mazziotti, 2017).

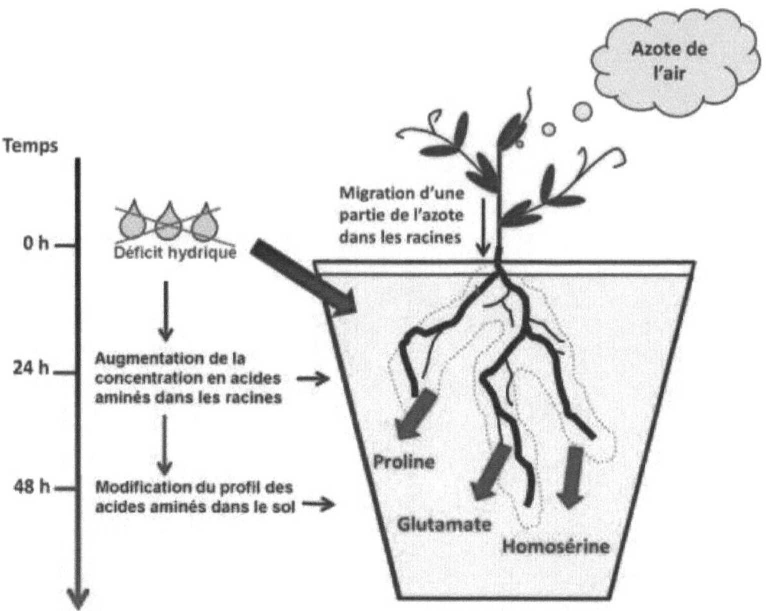

Figura 10. Alterações na pegada radicular da ervilha em resposta à falta de água (*Modificação da impressão radicular das ervilhas em resposta à falta de água*, n.d.)

3.4. Proteção contra agentes patogénicos

Certos microrganismos do solo, como as bactérias e os fungos, podem atuar como agentes de controlo biológico, protegendo as raízes contra os agentes patogénicos. Podem colonizar as raízes e produzir compostos antimicrobianos que limitam o crescimento dos agentes patogénicos (Wehner et al., 2010).

3.5. Decomposição da matéria orgânica

Os microrganismos decompõem a matéria orgânica do solo, libertando nutrientes que ficam disponíveis para as raízes das plantas. Esta decomposição contribui para o ciclo dos nutrientes no solo (Wehner et al., 2010).

3.6. Estimulação do crescimento das raízes

Alguns microrganismos do solo podem estimular o crescimento das raízes através da produção de hormonas de crescimento vegetal ou da melhoria da disponibilidade de nutrientes (Belhadi & Zillal, 2020).

3.7. Troca de sinais químicos

Sinais químicos complexos, como compostos voláteis, podem ser trocados entre raízes e microrganismos, facilitando a comunicação e modulando as respostas adaptativas.

3.8. Modulação da tolerância ao stress

As interacções com certos microrganismos podem melhorar a tolerância das plantas ao stress abiótico, como a seca, a salinidade elevada ou os metais pesados.

Estas interacções criam um microcosmo dinâmico denominado rizosfera, a região do solo diretamente influenciada pelas raízes. A compreensão destas interacções é crucial para otimizar a saúde das plantas, a fertilidade do solo e a sustentabilidade dos sistemas agrícolas.

C. O tronco e o transporte de substâncias

1. Papel do caule no transporte de água, nutrientes e hormonas

O caule das plantas desempenha um papel crucial no transporte de água, nutrientes e hormonas através da planta, facilitando o crescimento, o desenvolvimento e a resposta aos estímulos ambientais. Eis como o caule desempenha estas funções essenciais:

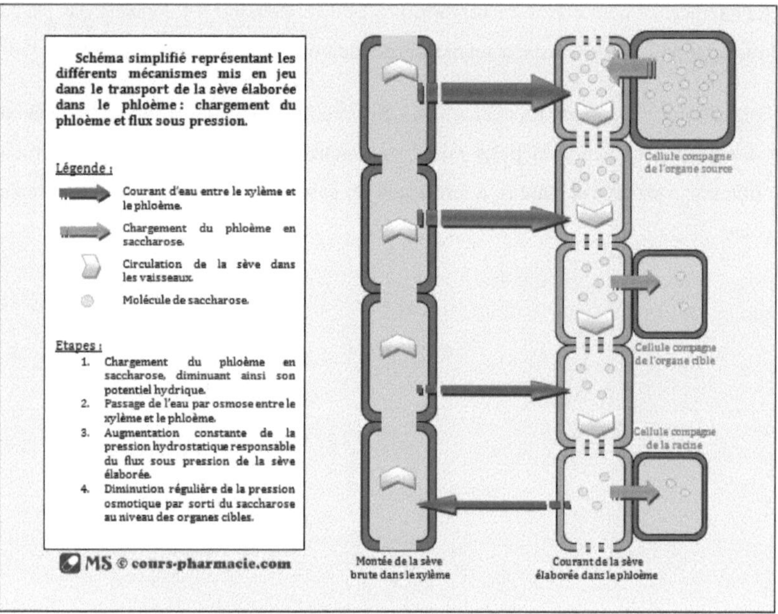

Figura 11. Transporte de água para os vasos do xilema
(SIMON, 2009)

1.1. Transporte de água (Xilema)

Xilema: O xilema é um tecido vascular especializado no transporte de água e sais minerais das raízes para as partes aéreas da planta (Payette & Filion, 2018).

Subida da seiva bruta: O caule permite que a seiva bruta, que é essencialmente água com sais minerais dissolvidos, suba das raízes para as folhas.(Payette & Filion, 2018).

Transpiração: A transpiração, a evaporação da água pelos estomas das folhas, cria uma sucção que retira água do solo através da planta(Payette & Filion, 2018).

1.2. Transporte de nutrientes (floema)

Floema: O floema é outro tecido vascular especializado que transporta nutrientes orgânicos, como os hidratos de carbono produzidos pela fotossíntese, das folhas para outras partes da planta. (Hopkins, 2003).

Descida da seiva elaborada: A seiva elaborada, rica em nutrientes orgânicos, desce das folhas para as raízes e outras partes da planta. (Hopkins, 2003).

1.3. Hormonas e sinais químicos

Transporte de hormonas: Os caules facilitam o transporte de hormonas vegetais, como a auxina, a giberelina e a citocinina, que desempenham um papel essencial na regulação do crescimento, na diferenciação celular e na resposta a estímulos ambientais (Delaporte, 2009).

Comunicação química: Os caules permitem a comunicação química em toda a planta através do transporte de sinais moleculares, permitindo uma coordenação eficiente das diferentes partes da planta. (Delaporte, 2009).

1.4. Suporte estrutural

Suporte mecânico: O caule fornece suporte mecânico à planta, mantendo uma estrutura vertical, permitindo uma disposição óptima das folhas para captar a luz e resistindo a forças externas como o vento.

1.5. Armazenamento de nutrientes

Parênquima de armazenamento: Alguns tecidos do caule, como o parênquima cortical, podem armazenar nutrientes e água, actuando como uma reserva para a planta em momentos de necessidade (Plavcová & Jansen, 2015).

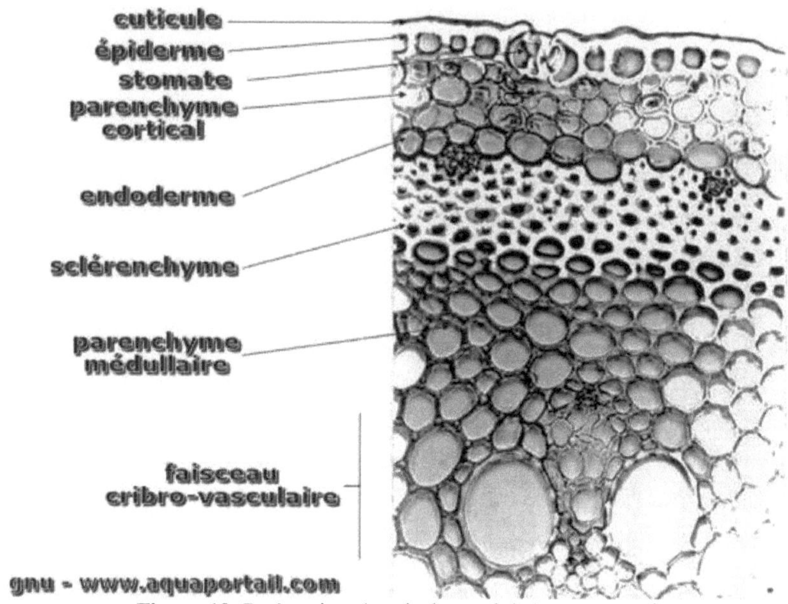

Figura 12. Parênquima (cortical e medular) numa parede
(*Parenchyma*, n.d.)

1.6. Fototropismo

Resposta à luz: O caule pode crescer direccionalmente em resposta à luz, um fenómeno conhecido como fototropismo, que permite à planta otimizar a sua exposição à luz para a fotossíntese. (Thimann, 1967).

Em suma, o caule actua como um canal multifuncional para o transporte eficiente de substâncias vitais no interior da planta. O seu papel no sistema vascular, na regulação hormonal e na coordenação das respostas aos sinais ambientais é essencial para a sobrevivência e a prosperidade das plantas.

2. Mecanismos de transpiração e pressão de seiva

Os mecanismos de transpiração e pressão de seiva são dois processos intimamente ligados que desempenham um papel crucial no transporte de água e nutrientes através das plantas. Segue-se uma explicação pormenorizada destes mecanismos (Cruiziat et al., 2001) :

2.1. Transpiração

A transpiração é o processo pelo qual as plantas perdem água sob a forma de vapor através dos estomas presentes principalmente nas folhas. Eis os principais mecanismos de transpiração:

Abertura e fecho dos estomas: Os estomas são pequenos poros na superfície da folha que controlam as trocas gasosas e a transpiração. Abrem e fecham para regular a perda de água e a absorção de dióxido de carbono.

Gradiente de Potencial Hídrico: A água é evaporada das células da folha para a atmosfera, criando um gradiente de potencial hídrico que retira água dos tecidos adjacentes e depois dos vasos do xilema.

Tensão hídrica: A transpiração cria uma tensão nos vasos do xilema, chamada tensão hídrica, que atrai a água das raízes para as folhas. Isto deve-se à coesão das moléculas de água e à adesão da água às paredes dos vasos.

Transpiração foliar: A maior parte da água perdida por transpiração provém das folhas, onde a área de superfície é maior e os estomas são mais abundantes. Este processo é essencial para manter o fluxo de água através da planta.

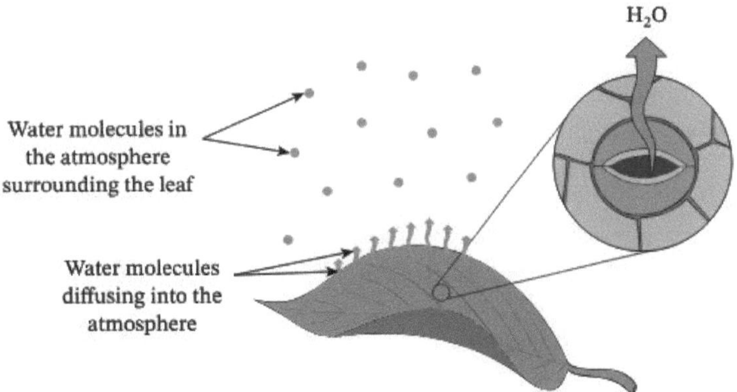

Figura 13. Difusão do vapor de água dos estomas para a atmosfera por transpiração. (Nagwa, n.d.)

2.2. Pressão da seiva

A pressão de seiva, também conhecida como pressão radicular ou pressão de turgor, é uma força hidrostática gerada pela absorção de água pelas raízes e pela subida da seiva nos vasos do xilema. Os principais mecanismos da pressão de seiva são os seguintes

Absorção de água pelas raízes: As raízes absorvem ativamente a água do solo por osmose, graças à diferença de concentração de soluto entre as células das raízes e o solo circundante.

Turgidez celular: A absorção de água cria uma pressão hidrostática, ou turgidez, nas células da raiz, tornando-as rígidas e inchadas.

Impulso radicular: A turgidez das células da raiz exerce uma força que empurra a água para cima nos vasos do xilema, contra a gravidade, em direção às partes aéreas da planta.

Pressão positiva de seiva: Em certas condições, este crescimento radicular pode levar a uma pressão positiva de seiva, em que a água é forçada a sair das folhas ou dos caules, visível sob a forma de gutação ou de seiva que escorre das feridas.

Estes mecanismos de transpiração e pressão de seiva asseguram o transporte eficiente de água e nutrientes através da planta, fornecendo os recursos necessários ao crescimento e à função metabólica.

3. Adaptações estruturais para resistir aos condicionalismos ambientais

Os caules das plantas desempenham um papel essencial em muitas adaptações estruturais que permitem às plantas resistir a stresses ambientais. Eis algumas das formas em que a estrutura do caule contribui para estas adaptações (Collin, 2001):

3.1. Resistência a ventos fortes

Os caules flexíveis permitem que as plantas se dobrem sob a pressão do vento sem se partirem. Esta flexibilidade deve-se à estrutura interna do caule, que pode conter tecidos mais macios e mais elásticos.

3.2. Transporte de água eficiente

Os vasos do xilema no caule desempenham um papel crucial no transporte de água das raízes para as partes aéreas da planta. Adaptações estruturais como a disposição dos vasos e a presença de tecidos de suporte reforçam o caule, assegurando um transporte eficiente da água mesmo em condições de stress hídrico (Cruiziat et al., 2001).

3.3. Armazenamento de água

Algumas plantas armazenam água nos seus caules, particularmente em ambientes áridos. Os tecidos suculentos do caule podem inchar para armazenar grandes quantidades de água, permitindo que a planta sobreviva a longos períodos sem chuva.

3.4. Adaptação à luz

A estrutura do caule também pode ser adaptada para maximizar a absorção de luz em ambientes sombrios. Por exemplo, algumas plantas têm caules finos e altos que lhes permitem elevar-se acima da copa das árvores para alcançar a luz solar.

3.5. Resistência aos herbívoros

Algumas plantas têm adaptações estruturais nos seus caules para dissuadir os herbívoros. Por exemplo, a presença de estruturas espinhosas no caule pode tornar a planta menos atractiva para os animais que procuram alimentar-se.

3.6. Reação aos incêndios

Nos ecossistemas sujeitos a incêndios frequentes, algumas plantas têm adaptações estruturais que lhes permitem sobreviver aos incêndios. Por exemplo, caules subterrâneos espessos ou rebentos protegidos podem sobreviver a temperaturas elevadas e voltar a crescer rapidamente após um incêndio.

Em suma, a estrutura do caule das plantas está intimamente ligada às suas adaptações para resistir às pressões ambientais. Estas adaptações estruturais permitem às plantas sobreviver e prosperar numa grande variedade de condições, desde desertos áridos a florestas tropicais.

D. As folhas e a fotossíntese

1. Anatomia da folha

As folhas, frequentemente consideradas como o centro da vida vegetal, são estruturas complexas que albergam uma multiplicidade de processos vitais, nomeadamente a fotossíntese. A compreensão da sua anatomia é essencial para compreender plenamente a sua função e o seu papel na vida das plantas (van Lenteren & Ponti, 1991).

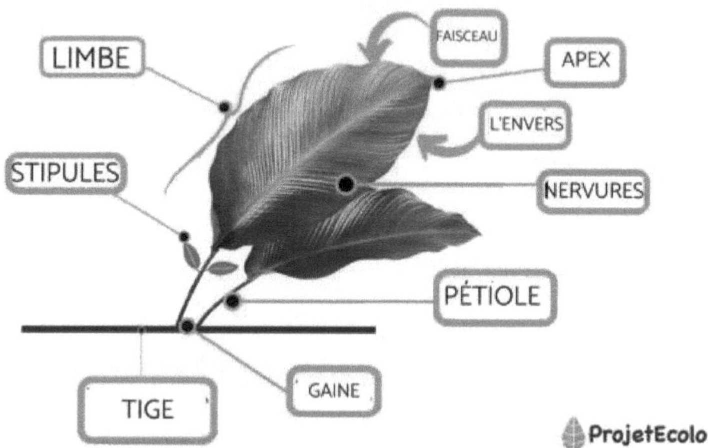

Figura 14. Anatomia de uma folha
(*Anatomia de uma FOLHA + DIAGRAMA explicativo*, n.d.)

1.1. Epiderme

A epiderme, a camada exterior das folhas, é geralmente constituída por células finas e transparentes que actuam como uma barreira protetora contra os danos mecânicos e a perda excessiva de água. Para reforçar esta função, a epiderme é frequentemente coberta por uma cutícula cerosa, uma camada hidrófoba que reduz a perda de água por evaporação e impede a penetração de microrganismos patogénicos (van Lenteren & Ponti, 1991).

1.2. Estomas

Os estomas, que se encontram em maior número na face inferior das folhas, são estruturas microscópicas constituídas por duas células-guarda que rodeiam uma abertura. Estes poros permitem a troca de gases indispensáveis à fotossíntese: o dióxido de carbono entra na folha e o oxigénio e o vapor de água saem. A regulação da abertura e do fecho dos estomas é essencial para regular a quantidade de água perdida por transpiração e a quantidade de dióxido de carbono disponível para a fotossíntese(van Lenteren & Ponti, 1991).

1.3. Mesófilo

O mesofilo, a zona central das folhas, é onde se efectua a maior parte da fotossíntese. Divide-se em duas camadas distintas: o parênquima paliçádico, situado na parte superior, é caracterizado por células muito compactadas e ricas em cloroplastos, enquanto o parênquima lacunar, situado na parte inferior, é constituído por células mais frouxas que favorecem a circulação do ar e a difusão dos gases (van Lenteren & Ponti, 1991).

1.4. Recipientes condutores

Os vasos condutores, xilema e floema, transportam as substâncias essenciais para a fotossíntese de e para as folhas. O xilema transporta água e minerais das raízes para as folhas, enquanto o floema transporta os hidratos de carbono produzidos pela fotossíntese para outras partes da planta para crescimento e armazenamento (van Lenteren & Ponti, 1991).

1.5. Adaptações

As folhas apresentam uma diversidade incrível de adaptações anatómicas, dependendo das condições ambientais em que a planta cresce. Por exemplo, em ambientes secos, as folhas podem ser grossas e carnudas para armazenar água, enquanto que em ambientes sombrios podem ser largas e finas para captar eficazmente a luz solar (van Lenteren & Ponti, 1991).

2. Processo de fotossíntese e regulação da produção de energia

A fotossíntese é um processo vital para as plantas, algas e certas bactérias, fornecendo a energia de que necessitam para o seu crescimento, desenvolvimento e reprodução. Vejamos em pormenor as diferentes fases da fotossíntese e os mecanismos reguladores que garantem a sua eficácia (Smith et al., 1997):

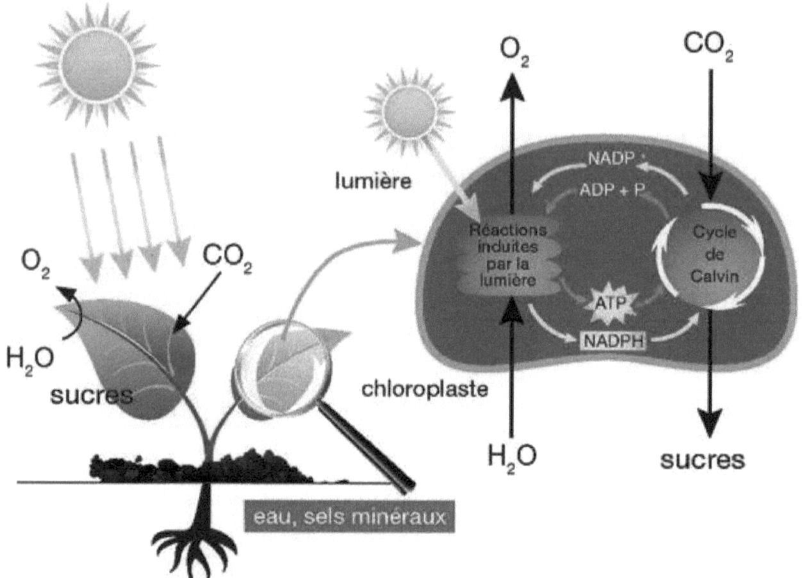

Figura 15. Diagrama da fotossíntese na folha
(Boussac & Mathis, 2015)

2.1. Captura de luz

Os pigmentos de clorofila, principalmente a clorofila a e a clorofila b, são responsáveis pela captação da luz. Estes pigmentos encontram-se nos tilacóides, as membranas internas dos cloroplastos. A luz é absorvida pelos pigmentos de clorofila e transferida para outras moléculas fotossensíveis no processo de captação da energia luminosa (Smith et al., 1997) .

2.2. Reacções à luz

As reacções luminosas têm lugar nos tilacóides e consistem em duas fases: fotoexcitação e fotodegradação da água. Durante a fotoexcitação, a energia luminosa absorvida pelos pigmentos de clorofila excita os electrões, que são transferidos ao longo de uma cadeia de transporte de electrões situada nas membranas dos tilacóides. Esta transferência de electrões gera ATP e NADPH, que são utilizados na fase seguinte do processo (J. Z. Zhang & Reisner, 2020).

2.3. Ciclo de Calvin (Reacções Obscuras)

O ciclo de Calvin, a fase escura da fotossíntese, ocorre no estroma dos cloroplastos. Neste ciclo, o CO_2 atmosférico é fixado e transformado em moléculas orgânicas, principalmente glicose. O CO_2 é primeiramente ligado a uma molécula de ribulose-1,5-bisfosfato (RuBP) pela enzima rubisco, formando duas moléculas de 3-fosfoglicerato (3-PGA). Estas moléculas são depois convertidas em moléculas de gliceraldeído-3-fosfato (G3P), que são utilizadas para sintetizar a glucose e outros compostos orgânicos (Gurrieri et al., 2021).

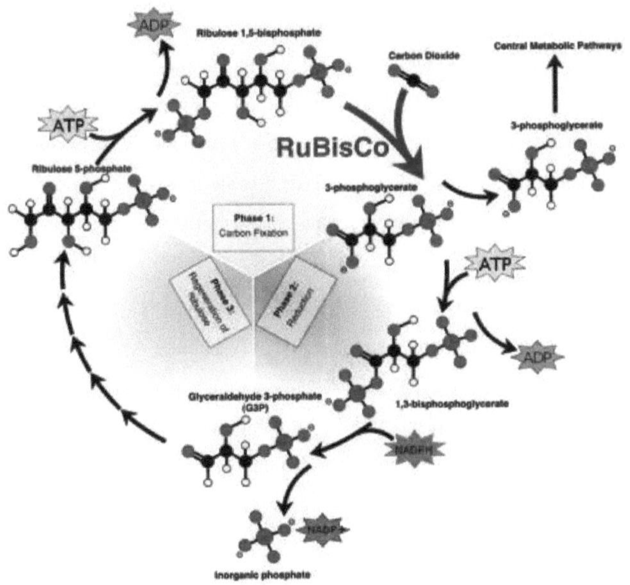

Figura 16. Ciclo de Calvin (reacções obscuras)
(Futura, n.d.)

2.4. Regulamentação da produção de energia

A fotossíntese é regulada por vários factores para se adaptar a condições ambientais variáveis. Por exemplo, a concentração de CO_2, a temperatura e a disponibilidade de água influenciam a taxa de fotossíntese. Níveis elevados de luz podem aumentar a atividade fotossintética até certo ponto, mas demasiada luz pode danificar o tecido vegetal através da fotoinibição. As plantas também possuem mecanismos para proteger as enzimas sensíveis ao oxigénio, como a rubisco, dos danos oxidativos (Sirvydas et al., 2010).

2.5. Utilização da energia produzida

A energia produzida pela fotossíntese é utilizada para muitas das funções metabólicas da planta, como a síntese de hidratos de carbono, lípidos, proteínas e outros compostos orgânicos essenciais para o crescimento e desenvolvimento. Parte desta energia é também armazenada como amido nos cloroplastos para utilização posterior (Sirvydas et al., 2010).

3. Adaptações das folhas para maximizar a eficiência fotossintética

As folhas das plantas evoluíram de forma a maximizar a sua eficiência fotossintética, permitindo-lhes captar e utilizar da melhor forma a energia luminosa para produzir hidratos de carbono e outros compostos orgânicos necessários ao seu crescimento e desenvolvimento (Zhu et al., 2010). Eis algumas das principais adaptações feitas pelas folhas para otimizar a sua eficiência fotossintética:

3.1. Forma e disposição

A forma das folhas varia consoante a espécie e o habitat. As folhas largas e planas têm uma maior superfície exposta à luz, o que aumenta a capacidade da planta para captar a energia luminosa. As folhas dispostas de forma a minimizar o auto-sombreamento permitem uma melhor absorção da luz pelas folhas inferiores, maximizando assim a utilização da energia luminosa na copa (Givnish, 1979).

3.2. Estrutura interna

A estrutura interna das folhas está adaptada para otimizar a absorção da luz e as trocas gasosas. Os cloroplastos, que contêm os pigmentos fotossintéticos, estão concentrados nas células do mesofilo, o que os torna acessíveis à luz. Além disso, as membranas dos tilacóides, onde se realizam as reacções luminosas da fotossíntese, estão organizadas de forma a aumentar a superfície de captação da luz (Oguchi et al., 2003).

3.3. Pigmentos fotossintéticos

Os pigmentos fotossintéticos, como a clorofila a e b, absorvem a luz de forma eficiente em diferentes partes do espetro luminoso. Os carotenóides actuam como pigmentos acessórios, captando a luz em comprimentos de onda em que a clorofila é menos eficiente. Esta combinação de pigmentos permite às plantas captar a luz de forma eficiente em diferentes condições de luminosidade (Y. Zhang et al., 2022).

3.4. Estomas

Os estomas são estruturas fundamentais para as trocas gasosas necessárias à fotossíntese. A densidade e a distribuição dos estomas variam consoante a espécie e as condições ambientais. Em ambientes secos, as plantas podem regular a densidade estomática para reduzir a transpiração, mantendo um fornecimento suficiente de dióxido de carbono para a fotossíntese (Y. Zhang et al., 2022).

3.5. Adaptado à água e a temperaturas elevadas

As folhas das plantas adaptadas a ambientes áridos têm frequentemente características que reduzem a perda de água por transpiração. Estas características podem incluir estomas afundados, epiderme cerosa ou estruturas especializadas como os tricomas. Além disso, as plantas de climas quentes podem ter adaptações para limitar a absorção de calor, como folhas reflectoras ou pêlos que reduzem a quantidade de luz absorvida (Berry & Bjorkman, 1980).

3.6. Fotoprotecção

As plantas desenvolveram mecanismos para proteger os pigmentos fotossintéticos dos danos causados pela exposição excessiva à luz, um fenómeno conhecido como fotoinibição. Os carotenóides actuam como antioxidantes, neutralizando os radicais livres produzidos durante a fotossíntese. Além disso, algumas plantas podem regular a quantidade de luz absorvida, alterando a orientação das suas folhas ou produzindo pigmentos fotoprotectores adicionais (H. Zhang et al., 2016).

Estas adaptações das folhas demonstram a incrível diversidade e complexidade dos mecanismos que permitem às plantas otimizar a sua eficiência fotossintética numa variedade de ambientes. Ao combinar estas adaptações com outros processos metabólicos, as plantas são capazes de se adaptar e prosperar em condições ambientais variáveis.

Figura 17. Mudanças de cor nas folhas de *Physocarpus amurensis* Maxim e *Physocarpus opulifolius* 'Diabolo' sob luz natural e baixa intensidade luminosa. (H. Zhang et al., 2016)

E. Flores e reprodução

1. Estrutura da flor e órgãos reprodutores

1.1. Morfologia da flor

1.1.1. Perianto

As sépalas, geralmente de cor verde escura, formam o primeiro invólucro protetor da flor, denominado cálice. Podem ser simples ou fundidas para formar um tubo ou um sino à volta dos outros órgãos florais. As sépalas desempenham um papel crucial na proteção dos órgãos reprodutores durante a fase de botão floral e podem permanecer presentes após a floração (Wilson & Just, 1939).

As pétalas, muitas vezes coloridas e perfumadas, constituem a corola. A sua principal função é atrair os polinizadores, oferecendo-lhes uma recompensa visual e olfactiva. As formas, as texturas e as cores das pétalas variam muito de espécie para espécie e podem ser adaptadas para atrair polinizadores específicos, como insectos, aves ou mamíferos (Wilson & Just, 1939).

1.1.2. Posicionamento dos órgãos

O posicionamento dos órgãos reprodutores pode ter um impacto significativo na forma como uma planta se reproduz. Em algumas flores, os estames e o pistilo estão posicionados de forma a favorecer a autopolinização, em que o pólen de uma flor fertiliza os óvulos da mesma flor. Noutros casos, os órgãos reprodutores estão posicionados de forma a favorecer a polinização cruzada, em que o pólen é transportado de uma flor para outra por agentes externos, como os insectos ou o vento (Wilson & Just, 1939).

1.1.3. Inflorescência

A inflorescência é a disposição das flores na planta. As flores podem ser agrupadas em diferentes configurações, tais como racemos, cachos, umbelas, cabeças de flores, etc. Estas disposições podem ter um impacto na visibilidade das flores para os polinizadores, na facilidade de acesso a recursos como o néctar e o pólen e na forma como as flores são polinizadas e dispersas. (Wilson & Just, 1939).

1.1.4. Adaptações

As flores têm uma multiplicidade de adaptações para atrair polinizadores e assegurar uma reprodução bem sucedida. Estas adaptações podem incluir a produção de néctar para atrair insectos e outros animais polinizadores, padrões de cor específicos para orientar os polinizadores para as partes reprodutivas da flor, odores atractivos, estruturas especializadas para proporcionar superfícies de repouso ou de apoio e mecanismos para impedir a autopolinização ou a autofertilização.

A morfologia das flores não é apenas uma manifestação da diversidade estética da natureza, mas revela também as adaptações complexas e especializadas que as plantas com flores fazem para garantir a sua reprodução e sobrevivência numa variedade de ambientes.

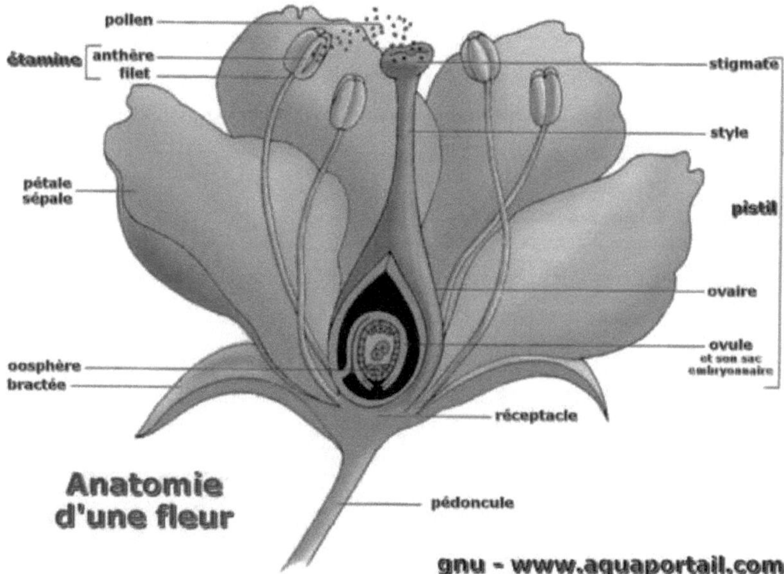

Figura 18. Diagrama da anatomia de uma flor.
(*Flower*, n.d.)

1.2. Órgãos reprodutores

Os órgãos reprodutores das flores são estruturas altamente especializadas que desempenham um papel essencial no processo de reprodução sexual das plantas com flor (angiospérmicas). Estes órgãos permitem a formação de sementes, garantindo a

42

sobrevivência e a propagação das espécies vegetais. Aqui está uma exploração aprofundada dos órgãos reprodutores das flores (Hermann & Kuhlemeier, 2011) :

1.2.1. Pistilo

O pistilo, também conhecido como carpelo, é o órgão feminino da flor. Está geralmente situado no centro da flor e é composto por várias partes:

O estigma: É a parte superior, frequentemente pegajosa, do pistilo, especialmente concebida para receber o pólen. O estigma é coberto por uma substância viscosa chamada estigma líquido, que ajuda o pólen a aderir.

O estilo: É uma estrutura alongada que liga o estigma ao ovário. O estilete fornece uma passagem para o tubo polínico, permitindo que o pólen viaje do estigma para o ovário.

O ovário: É a parte inferior do pistilo, que contém os óvulos. O ovário contém também os ovários, que se transformarão em sementes após a fecundação. Em alguns casos, o ovário transforma-se em fruto após a fecundação, protegendo as sementes em desenvolvimento.

1.2.2. Estames :

Os estames são os órgãos masculinos da flor, responsáveis pela produção e libertação do pólen. Cada estame é composto por duas partes principais:

A antera: É a parte superior do estame, onde se encontra o pólen. A antera contém os sacos polínicos, que produzem e libertam os grãos de pólen. Quando o pólen está maduro, a antera abre-se para permitir a sua dispersão.

O filamento: É a parte alongada do estame que liga a antera à flor. O filamento fornece o suporte estrutural para a antera e facilita a libertação do pólen.

1.2.3. Como funciona

Quando as flores estão prontas para serem polinizadas, o pólen é transportado dos estames para o estigma do pistilo. Uma vez depositado no estigma, o pólen germina e desenvolve um tubo polínico através do estilete, acabando por chegar ao ovário. No ovário, o tubo polínico liberta os gâmetas masculinos, que se fundem com os óvulos, desencadeando o processo de fertilização. Após a fertilização, os óvulos desenvolvem-se em sementes dentro do ovário e, em muitos casos, o ovário é transformado num fruto para proteger e dispersar as sementes (Hermann & Kuhlemeier, 2011).

Os órgãos reprodutores das flores apresentam uma adaptação e uma especialização notáveis para facilitar a reprodução das plantas com flor. Graças a estas estruturas complexas e interdependentes, as plantas podem reproduzir-se com sucesso e assegurar a sobrevivência das suas espécies numa vasta gama de ambientes e condições (Hermann & Kuhlemeier, 2011)

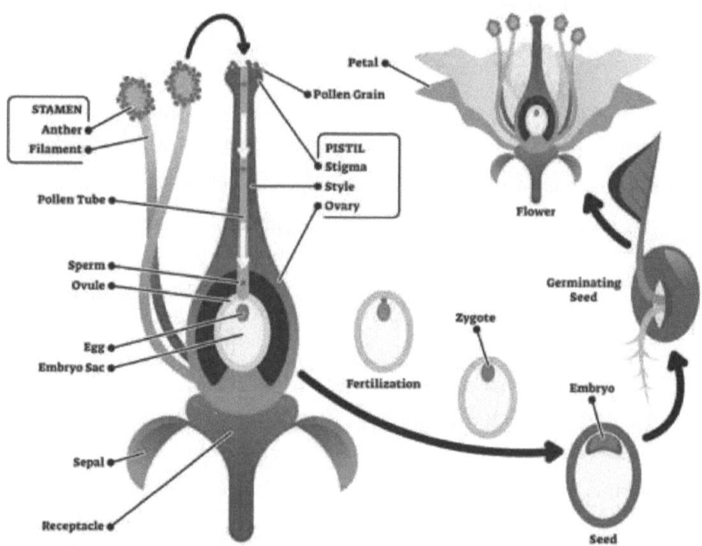

Figura 19. Reprodução sexual em plantas com flor.
(Martin, 2022)

2. Mecanismos de polinização e fertilização
2.1. Polinização

A polinização é um processo fundamental na reprodução das plantas com flor, e pode ser efectuada de diferentes formas, dependendo das características da flor e do seu ambiente. Os métodos mais comuns incluem a polinização pelo vento e a polinização por insectos. Cada um destes métodos tem adaptações específicas que favorecem o sucesso da polinização das plantas em causa (O'Neill, 1997).

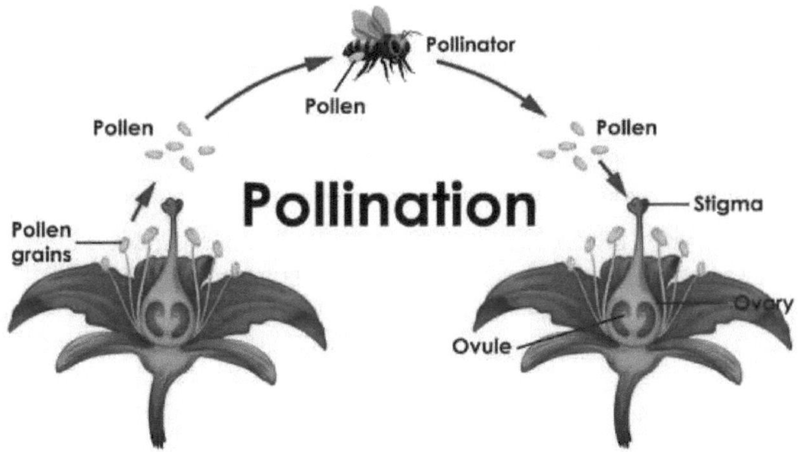

Figura 20. Polinização pela flor e pela abelha

2.1.1. Polinização pelo vento

A polinização pelo vento, também conhecida como anemofilia, é caraterística das plantas com flores pequenas, pouco coloridas e pouco perfumadas. Estas plantas produzem geralmente grandes quantidades de pólen leve e seco que é facilmente transportado pelo vento a longas distâncias. As flores que dependem da polinização pelo vento têm frequentemente características como flores únicas, estames expostos e estigmas emplumados para capturar o pólen. Exemplos comuns de plantas polinizadas pelo vento são as gramíneas, os ciprestes e algumas árvores com flor (Friedman & Barrett, 2009).

2.1.2. Polinização por insectos

A polinização por insectos, ou entomofilia, é uma estratégia de polinização comum a muitas plantas com flores, em particular as que atraem insectos com cores vivas, aromas e néctar. Estas plantas têm frequentemente flores grandes, coloridas e perfumadas, concebidas para atrair insectos polinizadores, como abelhas, borboletas, escaravelhos e moscas. As flores podem ter uma variedade de características atractivas, tais como pétalas largas para proporcionar uma plataforma de aterragem, nectários para produzir néctar e padrões ou guias visuais para ajudar os insectos a encontrar as partes reprodutoras da flor.

Esta interação benéfica entre plantas com flores e insectos polinizadores é muitas vezes mutuamente benéfica, fornecendo alimento aos insectos e assegurando simultaneamente a reprodução das plantas (Kevan & Baker, 1983).

2.1.3. Importância da polinização

A polinização desempenha um papel essencial na reprodução das plantas com flor, contribuindo para a produção de sementes e frutos. É também crucial para manter a biodiversidade e a saúde dos ecossistemas, bem como para assegurar a polinização das culturas agrícolas e a produção de alimentos. A diversidade de métodos de polinização reflete a adaptação das plantas a uma variedade de ambientes e condições, e destaca a importância das interações entre plantas e polinizadores para a sobrevivência e prosperidade da vida na Terra (Ratto et al., 2018).

2.2. Fertilização

A fecundação é uma fase crucial do processo reprodutivo das plantas com flor, após a polinização (Dumas, 2001). Envolve a fusão de gâmetas masculinos e femininos para formar um novo organismo embrionário. Aqui está uma exploração aprofundada do processo de fertilização:

2.2.1. Germinação de pólen

Depois de ser depositado no estigma, o pólen germina para formar um tubo polínico. Este tubo polínico desenvolve-se através do estilete, que liga o estigma ao ovário, guiado por sinais químicos e reacções de crescimento celular (sonika, 2023).

2.2.2. Movimento dos gâmetas

No interior do tubo polínico, os gâmetas masculinos deslocam-se em direção aos óvulos localizados no ovário. Os gâmetas masculinos são transportados pelo tubo polínico até ao seu destino final no óvulo (Sonika, 2023).

2.2.3. Fusão de gâmetas

Quando os gâmetas masculinos chegam aos óvulos, dá-se a fusão dos gâmetas. Um dos gâmetas masculinos funde-se com o núcleo central do óvulo para formar um zigoto diploide, que é o início do novo embrião da planta. Entretanto, o outro gâmeta masculino pode fundir-se com outros núcleos do óvulo para formar o tecido nutritivo, que fornecerá os recursos necessários ao crescimento do embrião (sonika, 2023).

2.2.4. Formação do embrião

O zigoto diploide formado pela fusão dos gâmetas masculino e feminino desenvolve-se num embrião no interior do óvulo. O embrião é a fase inicial da nova planta, contendo o material genético herdado de ambos os progenitores. O embrião sofre uma série de divisões e desenvolvimentos celulares para formar as estruturas básicas da planta à medida que esta cresce (sonika, 2023).

2.2.5. Formação do tecido nutritivo

À medida que o embrião se desenvolve, o núcleo central do óvulo pode fundir-se com outros gâmetas masculinos para formar tecido nutritivo. Este tecido nutritivo fornecerá os nutrientes necessários ao embrião em crescimento, permitindo-lhe desenvolver-se e crescer no futuro (sonika, 2023).

2.2.6. Importância da fertilização

A fecundação é uma fase essencial do ciclo de vida das plantas com flor, que conduz à produção de sementes e frutos. As sementes contêm o embrião da nova planta, bem como as reservas de nutrientes necessárias para o seu crescimento inicial. Os frutos protegem as sementes em desenvolvimento e facilitam a sua dispersão, assegurando a propagação das espécies vegetais no seu ambiente. Sem o processo de fecundação, a reprodução das plantas com flor seria impossível, comprometendo a biodiversidade e a sobrevivência de muitas espécies vegetais (sonika, 2023).

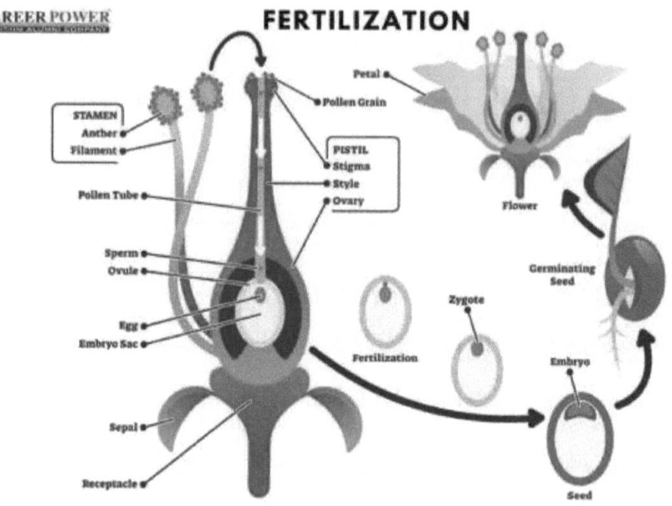

Figura 21. Fertilização
(sonika, 2023)

3. Desenvolvimento de sementes e frutos

3.1. Formação de sementes :

A formação de sementes é uma fase crucial no processo reprodutivo das plantas com flor (angiospérmicas), ocorrendo após a fertilização (Guo et al., 2022). Esta fase marca o início do desenvolvimento da próxima geração de plantas. Segue-se uma exploração pormenorizada do processo de formação das sementes:

3.1.1. Desenvolvimento do Ovário em Fruto

Após a fecundação, o ovário da flor desenvolve-se para formar o fruto. O fruto pode apresentar uma grande variedade de formas, tamanhos e texturas, consoante a espécie vegetal em causa. A sua principal função é proteger as sementes em desenvolvimento e facilitar a sua dispersão no meio ambiente (Dennis Jr., 1984).

3.1.2. Transformação do ovo em semente

No interior do ovário fertilizado, o óvulo transforma-se numa semente. O óvulo contém o embrião da nova planta, bem como tecidos de armazenamento de nutrientes e uma casca protetora (Dennis Jr., 1984).

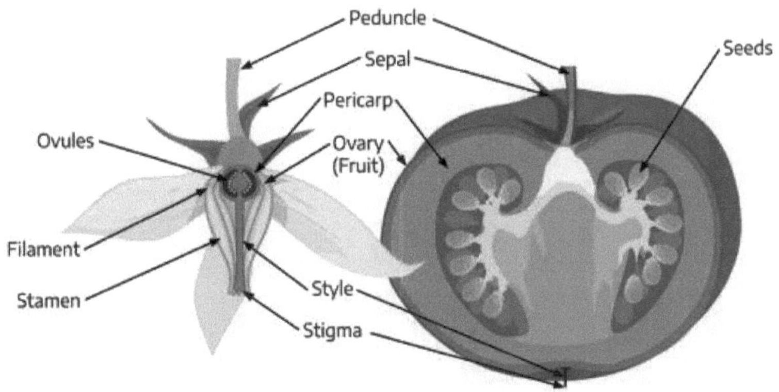

Figura 22. Flor e fruto do tomateiro.
(Michaels et al., 2022)

3.1.3. Composição da semente

As sementes são constituídas por vários elementos essenciais:

Embrião: É a planta jovem em desenvolvimento, resultante da fusão dos gâmetas masculino e feminino. O embrião contém as estruturas básicas necessárias para o futuro crescimento da planta, como a radícula (futura raiz), o hipocótilo (futuro caule) e os cotilédones (folhas embrionárias). (Barthet & Daun, 2011).

Tecidos de armazenamento de nutrientes: Em torno do embrião existem tecidos de armazenamento de nutrientes, que fornecem as reservas de energia necessárias para apoiar a germinação e o crescimento inicial da planta jovem. Estas reservas podem ser armazenadas sob a forma de amido, proteínas, lípidos ou outros compostos orgânicos (Barthet & Daun, 2011).

Invólucro protetor: A semente é envolvida por um invólucro protetor, geralmente formado pelo invólucro do óvulo. Esta casca protege o embrião e os tecidos de armazenamento de nutrientes de danos mecânicos, infecções e dessecação durante o armazenamento e a dispersão. (Barthet & Daun, 2011).

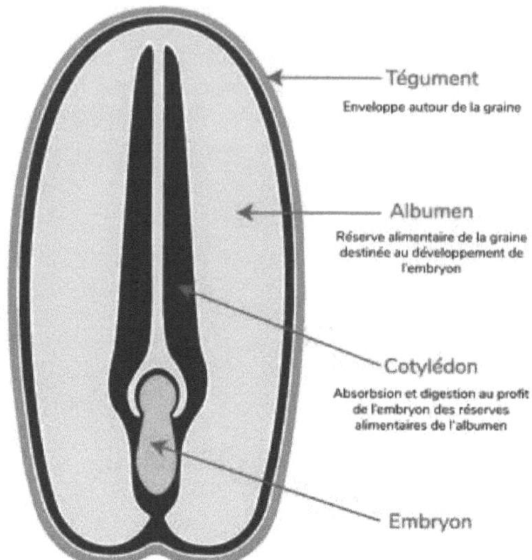

Figura 23. Morfologia da semente.
(*O Segredo das Sementes*, n.d.)

3.1.4. Função da semente

A semente é uma estrutura essencial para a dispersão e sobrevivência das espécies vegetais. Contém toda a informação genética e os recursos necessários para que a nova planta se desenvolva e cresça após a germinação. A semente pode permanecer dormente durante períodos de condições desfavoráveis, germinando depois quando as condições são favoráveis ao crescimento (Leopold et al., 1994).

3.1.5. Dispersão de sementes

Quando as sementes estão completamente desenvolvidas, o fruto maduro racha-se ou abre-se para libertar as sementes. As sementes podem ser dispersas por uma variedade de mecanismos, como o vento, a água, os animais, as aves ou o homem. Esta dispersão permite que as plantas colonizem novos habitats e se reproduzam com sucesso numa variedade de ambientes (Leopold et al., 1994) .

A formação de sementes é uma fase essencial do ciclo de vida das plantas com flor, garantindo a propagação e a sobrevivência das espécies vegetais no seu ambiente. A estrutura complexa da semente e os seus mecanismos de dispersão testemunham a adaptação evolutiva das plantas para otimizar a sua reprodução e sobrevivência numa vasta gama de condições ambientais (Leopold et al., 1994).

3.2. Desenvolvimento dos frutos

O desenvolvimento do fruto é uma fase essencial do processo reprodutivo das plantas com flor (angiospérmicas), após a fecundação e a formação da semente. Esta fase marca a transformação do ovário fertilizado numa estrutura madura chamada fruto. Eis uma exploração pormenorizada do desenvolvimento dos frutos (Kigel, 1995) :

3.2.1. Origem do fruto

Os frutos desenvolvem-se a partir do ovário da flor fecundada. O ovário pode ser simples, originário de um único carpelo (fruto simples), ou composto, formado por vários carpelos fundidos (fruto composto). Esta distinção influencia a estrutura e a composição do fruto final (Kigel, 1995).

3.2.2. Diversidade de frutos

Os frutos apresentam uma grande variedade de formas, cores, texturas e composições químicas, consoante a forma como se dispersam e o ambiente em que se encontram. Podem ser classificados em diferentes categorias consoante a sua estrutura, tais como bagas, drupas, cápsulas, vagens, aquénios, cones, samaras, etc. (Kigel, 1995).

3.2.3. Características dos frutos

Os frutos têm uma variedade de características adaptativas para facilitar a sua dispersão:

Alguns frutos são carnudos e doces, o que os torna atractivos para os animais, que comem a polpa e dispersam as sementes intactas no seu ambiente. Estes frutos são muitas vezes coloridos para atrair visualmente os animais e são ricos em nutrientes para os recompensar (Kigel, 1995).

Outros frutos são secos e deiscentes, ou seja, abrem-se espontaneamente na maturidade para libertar as sementes. Estes frutos podem ser dispersos pelo vento (anemocoria), pela água (hidrocoria) ou por outros meios mecânicos (Kigel, 1995).

3.2.4. Importância da dispersão

A dispersão de frutos e sementes é essencial para a colonização de novos habitats e para a sobrevivência das plantas até à geração seguinte. Permite que os indivíduos se dispersem espacialmente, reduz a competição intra-específica e encoraja a diversidade genética e a colonização de novos territórios.

3.2.5. Interacções com animais

Os frutos desempenham um papel crucial nas interacções planta-animal, constituindo uma fonte de alimento para muitos organismos, como aves, mamíferos, répteis e insectos. Estas interacções podem beneficiar a planta, promovendo a dispersão de sementes e permitindo a polinização cruzada.

O desenvolvimento dos frutos é um processo complexo e altamente regulado que reflecte a adaptação evolutiva das plantas ao seu ambiente e as suas interacções com outros organismos. A diversidade dos frutos e as suas estratégias de dispersão reflectem a riqueza e a complexidade da vida vegetal(Kigel, 1995).

F. Comunicação no mundo vegetal

1. Sinais químicos e eléctricos entre plantas

A comunicação entre plantas através de sinais químicos e eléctricos é uma área de investigação em rápido crescimento na biologia vegetal. Este processo complexo revela uma dinâmica intrigante nas comunidades vegetais, onde as plantas são capazes de detetar e responder a uma gama diversificada de estímulos ambientais (García-Servín et al., 2021).

1.1. Diversidade de sinais químicos

A diversidade de sinais químicos emitidos pelas plantas é notável, demonstrando a sua capacidade de se adaptarem e responderem de formas específicas às ameaças ambientais. Esta variedade de sinais químicos permite às plantas comunicar eficazmente com o seu ambiente e modular as suas respostas em função do tipo e da intensidade da ameaça sentida. Eis alguns exemplos que ilustram esta diversidade de sinais químicos:

i. Feromonas específicas

Algumas plantas emitem feromonas específicas em resposta ao ataque de insectos. Estas feromonas actuam como sinais de alarme, alertando as plantas vizinhas para a presença de potenciais predadores. Por exemplo, quando uma planta é atacada por lagartas, pode libertar feromonas específicas que atraem os predadores naturais das lagartas, como as vespas parasitóides, que ajudam a reduzir a população de insectos (García-Servín et al., 2021).

ii. Metabolitos tóxicos secundários

Outras plantas produzem metabolitos secundários tóxicos em resposta ao ataque de herbívoros. Estes metabolitos podem atuar como agentes químicos de defesa, dissuadindo os herbívoros de se alimentarem ou fazendo-os adoecer se ingerirem tecidos vegetais. Por exemplo, algumas plantas produzem compostos como os alcalóides, os terpenos ou os glucosinolatos, que têm efeitos repelentes ou tóxicos para os herbívoros e podem reduzir os danos causados pela predação (García-Servín et al., 2021).

iii. Defesa volátil

Em resposta a um ataque de agentes patogénicos ou insectos, algumas plantas emitem compostos voláteis de defesa. Estes compostos voláteis actuam como sinais de alarme para as plantas vizinhas, desencadeando a implementação de mecanismos de defesa semelhantes. Por exemplo, quando uma planta é infetada por um fungo patogénico, pode libertar compostos voláteis que activam os mecanismos de defesa das plantas vizinhas, aumentando a sua resistência à doença (García-Servín et al., 2021).

iv.   Sinalização hormonal

As plantas também utilizam hormonas vegetais, como o ácido jasmónico e o ácido salicílico, para regular as suas respostas às pressões ambientais. Estas hormonas actuam como sinais químicos internos, coordenando a implementação de respostas adaptativas, como a produção de metabolitos de defesa ou o fecho dos estomas para reduzir a perda de água através da transpiração (García-Servín et al., 2021).

Em conjunto, esta diversidade de sinais químicos permite que as plantas modulem as suas respostas de acordo com as ameaças específicas que enfrentam no seu ambiente. Esta capacidade de adaptação e de comunicação química é essencial para as plantas sobreviverem e prosperarem em ambientes frequentemente hostis e competitivos. Ao compreender estes complexos mecanismos de comunicação química, os cientistas podem entender melhor como as plantas interagem com o seu ambiente e desenvolver estratégias de gestão mais eficazes para promover a saúde e a resiliência dos ecossistemas vegetais. (Fromm & Lautner, 2007).

1.2. Respostas comportamentais

As respostas comportamentais das plantas aos sinais químicos emitidos pelos seus conspecíficos são notáveis e demonstram a sua capacidade de perceber e reagir de forma adaptativa ao seu ambiente. Estas respostas comportamentais podem assumir diferentes formas e são frequentemente coordenadas para maximizar as hipóteses de sobrevivência e reprodução em ambientes dinâmicos e competitivos. Eis alguns exemplos destas respostas comportamentais complexas:

i.   Ajustamento da taxa de crescimento

Em resposta a sinais químicos de socorro de outras plantas, algumas espécies podem ajustar a sua taxa de crescimento para otimizar a atribuição de recursos. Por exemplo, quando as plantas vizinhas estão sujeitas a uma intensa competição por luz, nutrientes ou água, uma planta pode abrandar o seu crescimento para reduzir a competição e otimizar a utilização dos recursos disponíveis (Fromm & Lautner, 2007).

ii.   Subsídio de recursos

As plantas podem também ajustar a sua afetação de recursos em resposta a sinais químicos de socorro. Por exemplo, quando uma planta detecta a presença de sinais químicos que indicam um ataque de herbívoros, pode reafectar os seus recursos à produção de metabolitos de defesa, tais como compostos tóxicos ou compostos voláteis, para dissuadir os herbívoros ou limitar os danos causados pela predação (Fromm & Lautner, 2007).

iii.   Produção de metabolitos

Em resposta a sinais químicos de socorro, as plantas podem também aumentar a sua produção de metabolitos especializados envolvidos na defesa contra herbívoros, agentes patogénicos ou outras pressões ambientais. Por exemplo, algumas plantas podem aumentar a sua produção de antioxidantes ou enzimas envolvidas na desintoxicação de substâncias nocivas, a fim de proteger os seus tecidos contra danos oxidativos ou ataques patogénicos (Fromm & Lautner, 2007).

iv.   Sistema radicular

As respostas comportamentais não se limitam às partes aéreas das plantas, podendo também afetar o sistema radicular. Por exemplo, em resposta a sinais químicos que indicam a competição por nutrientes ou água no solo, as plantas podem modificar o crescimento ou a ramificação das suas raízes para explorar os recursos disponíveis de forma mais eficiente e minimizar a competição com os vizinhos (Fromm & Lautner, 2007).

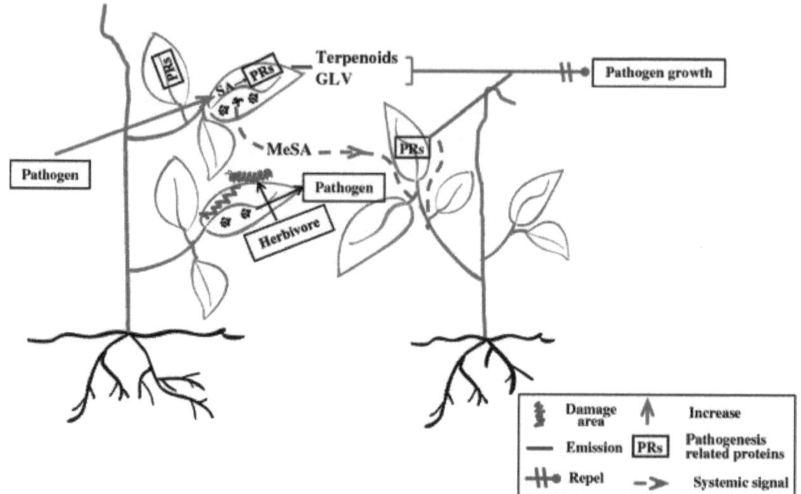

Figura 24. Comunicação entre plantas.
(Das et al., 2013)

Estes exemplos ilustram a capacidade das plantas de se aperceberem e responderem de forma adaptativa aos sinais químicos emitidos pelos seus conspecíficos. Esta plasticidade comportamental é essencial para maximizar as hipóteses de sobrevivência e reprodução em ambientes frequentemente competitivos e mutáveis. Ao compreender estes complexos mecanismos de resposta comportamental, os cientistas podem entender melhor como as plantas interagem com o seu ambiente e desenvolver estratégias de gestão mais eficazes para promover a saúde e a resiliência dos ecossistemas vegetais (Volkov et al., 2019).

v.　Interacções com os microrganismos do solo

Os sinais químicos trocados entre as plantas podem também influenciar as interacções com os microrganismos do solo, como as bactérias e os fungos. Por exemplo, as raízes das plantas podem libertar compostos orgânicos específicos para atrair microrganismos benéficos que promovem a saúde das plantas, como os rizóbios que fixam o azoto ou as micorrizas que melhoram a absorção de nutrientes (Enagbonma et al., 2023).

1.3. Comunicação eléctrica

A comunicação eléctrica entre plantas é um mecanismo fascinante, descoberto há relativamente pouco tempo, que complementa a comunicação química e ajuda a coordenar as respostas adaptativas das plantas aos estímulos ambientais. Estes sinais eléctricos, muitas vezes desencadeados por eventos como danos físicos ou ataques de predadores, propagam-se através dos tecidos das plantas a velocidades surpreendentes, permitindo uma rápida coordenação das respostas em toda a planta. Aqui estão alguns pontos-chave sobre a comunicação eléctrica entre plantas:

i. Propagação rápida

Os sinais eléctricos podem propagar-se através dos tecidos das plantas a velocidades que podem atingir vários centímetros por segundo, permitindo uma comunicação rápida entre diferentes partes da planta. Esta propagação rápida é essencial para coordenar as respostas adaptativas em toda a planta em caso de stress ou ameaça (Volkov et al., 2019).

ii. Coordenação das respostas adaptativas

Quando uma parte da planta é danificada, os sinais eléctricos podem propagar-se a outras partes da planta para desencadear mecanismos de defesa. Por exemplo, uma folha danificada pode emitir sinais elétricos que se propagam às raízes, desencadeando um aumento na produção de compostos químicos defensivos ou o fecho dos estomas para reduzir a perda de água (Volkov et al., 2019).

iii. Papel na defesa e reparação

Os sinais eléctricos desempenham um papel crucial na coordenação das respostas de defesa e reparação nas plantas. Além de desencadear mecanismos de defesa imediatos, como a produção de compostos químicos tóxicos, os sinais elétricos também podem estimular o crescimento celular e a cicatrização de feridas para reparar os danos causados pelo stress ambiental (Volkov et al., 2019).

iv. Interacções com outros sinais

A comunicação eléctrica entre plantas pode interagir com outros sistemas de sinalização, como os sinais químicos e hormonais, para coordenar respostas adaptativas complexas. Esta integração de diferentes modos de comunicação permite uma regulação fina e precisa das respostas das plantas aos estímulos ambientais (Volkov et al., 2019).

Ao compreender estes complexos mecanismos de comunicação entre plantas, os investigadores podem compreender melhor a forma como as plantas percepcionam e respondem ao seu ambiente. Este conhecimento pode ter aplicações práticas em domínios como a agricultura, a silvicultura e a conservação da biodiversidade, ajudando a desenvolver estratégias de gestão de ecossistemas que promovam a saúde e a resiliência das comunidades vegetais. Em última análise, a comunicação entre plantas revela a notável adaptabilidade e complexidade dos organismos vegetais na sua tentativa de sobreviver e prosperar em ambientes em constante mudança.

2. Interação com outros organismos, como os insectos e os fungos

A interação das plantas com outros organismos, nomeadamente insectos e fungos, é um aspeto crucial da biologia vegetal que influencia profundamente a saúde, o crescimento e a sobrevivência das plantas, bem como a estrutura e a dinâmica dos ecossistemas. Esta interação complexa e multifacetada entre plantas e outros organismos é o resultado de milhões de anos de coevolução, em que as plantas desenvolveram uma série de mecanismos de defesa, sedução e cooperação para se adaptarem ao seu ambiente e garantirem o seu sucesso reprodutivo. (Prisa, 2023). Aqui está uma exploração detalhada de como as plantas interagem com insectos e fungos:

2.1. Interação com insectos

Os insectos desempenham um papel importante na vida das plantas, actuando simultaneamente como polinizadores essenciais para a reprodução sexual das plantas com flor e como herbívoros vorazes que podem causar danos consideráveis às culturas e aos ecossistemas naturais. Esta interação entre plantas e insectos é frequentemente marcada por uma co-evolução dinâmica, com as plantas a desenvolverem uma variedade de mecanismos de defesa para dissuadir os herbívoros e atrair os polinizadores. Estes mecanismos de defesa incluem a produção de compostos químicos tóxicos ou repelentes, a presença de estruturas físicas, como espinhos ou pêlos, e parcerias simbióticas com insectos predadores ou parasitóides que actuam como agentes biológicos de controlo de pragas.

As plantas também evoluíram para produzir uma gama diversificada de sinais químicos e visuais para atrair insectos polinizadores e assegurar a sua reprodução. As flores produzem frequentemente cores vivas, aromas doces e néctar para atrair os insectos, enquanto as plantas hospedeiras fornecem habitat e recursos alimentares às larvas dos insectos. Esta interação complexa entre plantas e insectos influencia não só a estrutura e a diversidade das comunidades vegetais, mas também a biodiversidade global dos ecossistemas terrestres.

2.2. Interação com os cogumelos

Os fungos também desempenham um papel crucial na vida das plantas, actuando como parceiros simbióticos em associações mutualistas, como as micorrizas, ou como agentes patogénicos causadores de doenças fúngicas (da Silva Folli-Pereira et al., 2013). As micorrizas são associações simbióticas entre raízes de plantas e hifas de fungos, que facilitam a absorção de nutrientes do solo, como o azoto e o fósforo, em troca de compostos orgânicos produzidos pela planta (da Silva Folli-Pereira et al., 2013). Esta simbiose mutualista está generalizada no reino vegetal e desempenha um papel crucial na nutrição, crescimento e resistência ao stress das plantas, bem como na dinâmica dos ecossistemas.

No entanto, nem todos os fungos são benéficos para as plantas, uma vez que alguns fungos podem causar doenças fúngicas que comprometem a saúde e a produtividade das culturas. As doenças fúngicas podem causar danos nos tecidos das plantas, reduzir o crescimento e o rendimento, e até mesmo a morte da planta em casos graves (da Silva Folli-Pereira et al., 2013). As plantas desenvolveram uma série de mecanismos de defesa para se protegerem contra doenças fúngicas, incluindo a produção de compostos químicos antifúngicos, a formação de barreiras físicas, como a espessura da parede celular, e respostas imunitárias induzidas por sinais moleculares específicos.

Em resumo, a interação das plantas com insectos e fungos é um aspeto fundamental da biologia vegetal que molda a estrutura e a dinâmica dos ecossistemas terrestres. Esta interação complexa entre plantas e outros organismos é o resultado de uma coevolução contínua, na qual as plantas desenvolveram uma série de mecanismos de defesa, sedução e cooperação para se adaptarem ao seu ambiente e garantirem o seu sucesso reprodutivo. Ao compreender estes mecanismos de interação, os cientistas podem entender melhor como as plantas interagem com o seu ambiente e desenvolver estratégias de gestão mais eficazes para promover a saúde e a resiliência dos ecossistemas vegetais. (da Silva Folli-Pereira et al., 2013).

3. Impacto dos factores ambientais na comunicação entre plantas

O impacto dos factores ambientais na comunicação entre plantas é uma área de investigação interessante que explora a forma como as condições ambientais influenciam a produção, transmissão e receção de sinais químicos e eléctricos entre plantas. Estas interacções complexas entre as plantas e o seu ambiente podem modular a comunicação entre plantas de diferentes formas, influenciando a sobrevivência, o crescimento e a reprodução das plantas, bem como a estrutura e a dinâmica dos ecossistemas. (da Silva Folli-Pereira et al., 2013). Segue-se uma análise aprofundada do impacto dos factores ambientais na comunicação entre plantas:

3.1. Luz

A luz é um dos principais factores ambientais que influenciam a comunicação entre as plantas. A disponibilidade de luz afecta a produção de compostos químicos voláteis nas folhas, que estão frequentemente envolvidos na comunicação entre plantas. Por exemplo, as plantas expostas a luz intensa podem produzir mais compostos voláteis para assinalar a presença de predadores ou para atrair polinizadores. Além disso, a luz também influencia a comunicação eléctrica entre plantas, uma vez que os sinais eléctricos podem ser desencadeados por mudanças rápidas na intensidade da luz ou por interacções com predadores (Komine & Nakagawa, 2003).

3.2. Temperatura

A temperatura também desempenha um papel crucial na comunicação entre as plantas. As plantas podem ajustar a sua produção de sinais químicos em resposta às flutuações de temperatura para otimizar a sua eficiência em condições ambientais variáveis. Por exemplo, algumas plantas produzem mais compostos voláteis em resposta a temperaturas mais elevadas para sinalizar danos causados pelo calor ou para atrair polinizadores adaptados a climas mais quentes. Além disso, a temperatura afecta a velocidade de propagação dos sinais eléctricos nos tecidos das plantas, o que pode influenciar a coordenação das respostas adaptativas (Ding & Yang, 2022; Morison & Lawlor, 1999).

3.3. Humidade

A humidade atmosférica e do solo também pode influenciar a comunicação entre as plantas. As plantas podem ajustar a sua produção de sinais químicos em resposta a níveis de humidade altos ou baixos para assinalar condições ambientais de stress, como a seca ou a humidade excessiva. Além disso, a humidade do solo pode influenciar a produção de sinais eléctricos nas raízes das plantas, o que pode afetar a coordenação de respostas adaptativas, como a regulação da absorção de água e nutrientes (Baluška et al., 2006).

3.4. Composição do solo

A composição do solo, incluindo a disponibilidade de nutrientes, minerais e compostos orgânicos, também pode influenciar a comunicação entre as plantas. As plantas podem ajustar a sua produção de sinais químicos em resposta a variações na composição do solo para otimizar o seu crescimento e desenvolvimento. Além disso, a presença de microrganismos benéficos ou patogénicos no solo pode modificar a produção de sinais químicos e eléctricos pelas plantas, o que pode ter consequências para a sua interação com outros organismos do solo e para a saúde dos ecossistemas. (Davies et al., 1994).

Em resumo, o impacto dos factores ambientais na comunicação entre plantas é um aspeto crucial da biologia vegetal que influencia a sobrevivência, o crescimento e a reprodução das plantas, bem como a estrutura e a dinâmica dos ecossistemas. Ao compreender estas interacções complexas, os cientistas podem entender melhor como as plantas interagem com o seu ambiente e desenvolver estratégias de gestão mais eficazes para promover a saúde e a resiliência dos ecossistemas vegetais.

G. Adaptação ao stress ambiental

As plantas são confrontadas com uma variedade de stresses ambientais, que vão desde condições climáticas extremas, como o calor, o frio e a seca, até ataques de agentes patogénicos microbianos. Este capítulo explora as respostas fisiológicas das plantas a estes stresses abióticos e bióticos, bem como os mecanismos de adaptação que lhes permitem sobreviver e prosperar em ambientes frequentemente hostis e em mudança.

1. Respostas fisiológicas ao stress abiótico

Os stresses abióticos, como o calor, o frio, a seca, as inundações e os solos salinos, podem perturbar significativamente o metabolismo e o crescimento das plantas. Neste contexto, as plantas desenvolveram uma série de mecanismos fisiológicos para fazer face a estes stresses e manter a sua homeostasia. Por exemplo, em caso de calor excessivo, as plantas podem ativar mecanismos de termotolerância, como a síntese de proteínas de choque térmico, que protegem as estruturas celulares contra os danos causados pelo calor. Do mesmo modo, em resposta à seca, as plantas podem regular a transpiração e a atividade dos estomas para limitar a perda de água e manter a hidratação interna (Harfouche et al., 2014)..

As respostas fisiológicas das plantas ao stress abiótico são mecanismos complexos e dinâmicos que lhes permitem fazer face a condições ambientais adversas, como o calor, o frio, a seca, as inundações e os solos salinos. Estas respostas fisiológicas envolvem uma série de modificações bioquímicas, moleculares e celulares destinadas a manter a homeostase interna, proteger as estruturas celulares e assegurar a sobrevivência global da planta (Harfouche et al., 2014). Segue-se uma exploração mais pormenorizada destas respostas fisiológicas:

1.1. Regulação da transpiração e Ostomia

Quando as plantas são confrontadas com condições quentes ou secas, uma das primeiras respostas fisiológicas é a regulação da transpiração e a abertura dos estomas. Os estomas, localizados principalmente na superfície da folha, controlam a perda de água através da transpiração e também regulam as trocas gasosas, como a fotossíntese e a respiração. Em resposta a condições de seca ou calor excessivo, as plantas podem fechar parcial ou totalmente os seus estomas para limitar a perda de água por transpiração, preservando assim a sua hidratação interna e integridade celular (Yoo et al., 2009).

1.2. Síntese de proteínas de choque térmico

As proteínas de choque térmico (HSPs) são um grupo de proteínas altamente conservadas que desempenham um papel essencial na proteção das células contra danos térmicos. Em caso de stress térmico, as plantas activam a síntese destas proteínas, que actuam como chaperones moleculares, facilitando a dobragem correcta das proteínas e protegendo as estruturas celulares de danos. As HSP contribuem igualmente para estabilizar as membranas celulares e proteger os complexos enzimáticos sensíveis ao calor (Krishnan et al., 1989, p. 1).

1.3. Acumulação de metabolitos protectores

As plantas podem acumular vários metabolitos protectores, tais como osmoprotectores e antioxidantes, em resposta a stresses abióticos (Harborne, 2007). Os osmoprotectores, como a prolina e os açúcares solúveis, actuam mantendo a homeostase osmótica e protegendo as proteínas e as membranas celulares dos danos causados pela desidratação. Os antioxidantes, como os flavonóides e os carotenóides, actuam neutralizando as espécies reactivas de oxigénio (ROS) produzidas em excesso em condições de stress, protegendo assim as células contra o stress oxidativo (Laoué et al., 2022).

1.4. Reorganização da estrutura celular

Em resposta a stresses abióticos, as plantas podem reorganizar a sua estrutura celular para otimizar a sua adaptação a condições ambientais variáveis. Por exemplo, algumas plantas podem modificar a composição das suas membranas celulares para manter a sua fluidez a temperaturas extremas, enquanto outras podem aumentar a densidade dos seus tecidos vasculares para melhorar o transporte de água e nutrientes (Conde et al., 2011). As plantas podem também induzir a formação de tecido cicatricial para reparar danos causados por stress mecânico ou ambiental (Chaudhry & Sidhu, 2022).

Em resumo, as respostas fisiológicas das plantas aos stresses abióticos são adaptações complexas que lhes permitem sobreviver e prosperar em ambientes frequentemente hostis. Ao compreender os mecanismos subjacentes a estas respostas, os cientistas podem desenvolver estratégias para melhorar a resistência das culturas face ao aumento das pressões ambientais, ajudando assim a garantir a segurança alimentar global e a sustentabilidade dos ecossistemas terrestres.

2. Mecanismos de defesa contra os agentes patogénicos

Os mecanismos de defesa das plantas contra os agentes patogénicos microbianos são uma área de investigação fascinante e crucial na biologia vegetal. Perante os ataques de fungos, bactérias e vírus, as plantas desenvolveram uma série de estratégias sofisticadas para detetar, combater e neutralizar os invasores patogénicos (Garcion et al., 2014). Estes mecanismos de defesa são essenciais para garantir a sobrevivência e a saúde das plantas em ambientes frequentemente hostis e competitivos. Nesta secção, vamos explorar em detalhe os diferentes componentes dos mecanismos de defesa das plantas contra os agentes patogénicos, destacando a sua complexidade e importância na biologia vegetal (Garcion et al., 2014).

2.1. Reconhecimento de padrões moleculares associados a agentes patogénicos (PAMPs)

Um dos primeiros passos na resposta imunitária das plantas aos agentes patogénicos é o reconhecimento dos padrões moleculares associados aos agentes patogénicos (PAMPs) pelos receptores das plantas (Postel & Kemmerling, 2009). Os PAMPs são motivos moleculares conservados presentes nas células dos agentes patogénicos, como os polissacáridos da parede celular ou as proteínas de superfície, que são reconhecidos pelos receptores das plantas, conhecidos como receptores de reconhecimento de padrões (PRRs). Quando um PAMP se liga a um PRR, desencadeia uma cascata de sinais bioquímicos que conduzem à ativação dos mecanismos de defesa da planta (Rathore & Ghosh, 2018).

2.2. Respostas imunitárias

Após o reconhecimento dos PAMPs, as plantas activam várias respostas imunitárias para combater a infeção por agentes patogénicos. Estas respostas imunitárias incluem a produção de moléculas antimicrobianas, como as fitoalexinas, as proteínas antimicrobianas e as enzimas que degradam a parede celular. As fitoalexinas são metabolitos secundários sintetizados em resposta à infeção por agentes patogénicos e actuam inibindo o crescimento dos mesmos. As proteínas antimicrobianas, como as quitinases e as glucanases, degradam os componentes celulares dos agentes patogénicos, enquanto as enzimas de degradação da parede celular, como as pectinases e as celulases, quebram a parede celular dos agentes patogénicos para os neutralizar. (Nürnberger & Kemmerling, 2008).

2.3. Ativação de canais de sinalização

As respostas imunitárias das plantas são mediadas por vias de sinalização complexas que transmitem sinais moleculares do local de reconhecimento do agente patogénico para toda a planta (Parker, 2000). Estas vias de sinalização envolvem uma variedade de moléculas de sinalização, como as hormonas vegetais, as cinases e os factores de transcrição, que coordenam as respostas imunitárias das plantas. Por exemplo, o ácido salicílico (SA) é uma hormona vegetal envolvida na resposta imunitária das plantas contra agentes patogénicos biotróficos, enquanto o ácido jasmónico (JA) e o etileno (ET) estão envolvidos na resposta imunitária contra agentes patogénicos necrotróficos (Liu et al., 2016).

2.4. Reforço da resistência das plantas

Ao ativar estes mecanismos de defesa, as plantas reforçam a sua resistência aos agentes patogénicos e limitam a sua capacidade de colonização e de propagação através dos tecidos vegetais. Este reforço da resistência das plantas é crucial para limitar os danos causados pelas doenças e para garantir a sobrevivência e a saúde das plantas em ambientes frequentemente hostis. Além disso, os mecanismos de defesa das plantas podem também induzir respostas sistémicas que reforçam a resistência da planta a futuras infecções por agentes patogénicos.

Em resumo, os mecanismos de defesa das plantas contra os agentes patogénicos microbianos são processos complexos e dinâmicos que envolvem o reconhecimento de PAMPs, a ativação de respostas imunitárias, a sinalização molecular e o reforço da resistência das plantas. Estes mecanismos são essenciais para garantir a sobrevivência e a saúde das plantas em ambientes frequentemente hostis e competitivos, e representam uma área crucial de investigação em biologia vegetal e proteção das culturas.

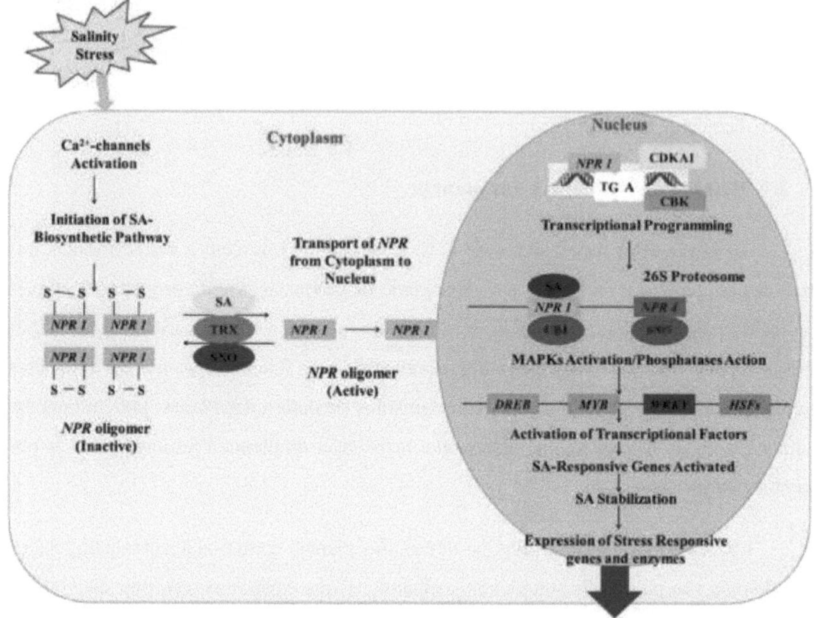

Figura 25. Síntese da sinalização do ácido salicílico em plantas submetidas a stress salino e do mecanismo de tolerância ao stress induzido.
(Sharma et al., 2023)

3. A importância da Resiliência e da Adaptação

Em ambientes mutáveis e imprevisíveis, a resiliência e a adaptação são essenciais para a sobrevivência das plantas a longo prazo. As plantas apresentam uma plasticidade fenotípica notável, que lhes permite modular a sua fisiologia, morfologia e comportamento em resposta a condições ambientais variáveis. Esta plasticidade fenotípica é o resultado de uma combinação de respostas genéticas e epigenéticas que permitem às plantas ajustarem-se rapidamente ao stress e maximizarem o seu sucesso reprodutivo em ambientes variáveis.

3.1. Plasticidade fenotípica

A plasticidade fenotípica das plantas é um mecanismo fundamental na sua adaptação às alterações ambientais. Esta plasticidade manifesta-se na capacidade das plantas para ajustarem a sua fisiologia, morfologia e comportamento em resposta a condições ambientais variáveis (Nicotra et al., 2010). Por exemplo, quando confrontadas com uma disponibilidade reduzida de água, as plantas podem desenvolver raízes mais profundas para explorar as reservas subterrâneas de água, ou reduzir a sua taxa de transpiração para limitar a perda de água. Do mesmo modo, em resposta a temperaturas extremas, as plantas podem modificar o seu metabolismo para maximizar a sua eficiência energética e a sua tolerância ao calor ou ao frio (Nicotra et al., 2010).

3.2. Adaptação genética

A adaptação genética também desempenha um papel crucial na capacidade de sobrevivência das plantas em ambientes em mudança (Anderson et al., 2011). A variação genética nas populações de plantas fornece o substrato sobre o qual a seleção natural pode atuar, favorecendo características que conferem uma vantagem adaptativa em condições ambientais específicas. Por exemplo, em populações de plantas sujeitas a pressões de seleção devido a temperaturas extremas, os indivíduos portadores de genes que conferem maior tolerância ao calor ou ao frio podem ser favorecidos, aumentando assim a resiliência da população como um todo(Anderson & Song, 2020).

3.3. Regulação epigenética

Para além da variação genética, os mecanismos epigenéticos permitem às plantas regular a expressão dos seus genes em resposta a sinais ambientais (Guarino et al., 2022). Estes mecanismos epigenéticos, como a metilação do ADN e as modificações das histonas, podem modular a acessibilidade dos genes e influenciar a sua expressão sem alterar a sequência do ADN. Desta forma, as plantas podem adaptar o seu fenótipo a condições ambientais variáveis, regulando a expressão de genes envolvidos em processos como a resposta ao stress, o crescimento e o desenvolvimento (Ashapkin et al., 2020).

Conclusão

A fisiologia vegetal avançada permitiu-nos aprofundar os mecanismos complexos que regem a vida das plantas, da raiz à flor. Explorámos em pormenor a forma como as plantas absorvem os nutrientes do solo, realizam a fotossíntese e a respiração celular e interagem com o seu ambiente para garantir o seu crescimento e sobrevivência. Da anatomia da folha à comunicação química e eléctrica entre plantas, das adaptações ao stress ambiental aos mecanismos de defesa contra agentes patogénicos, todos os aspectos da fisiologia vegetal foram cuidadosamente examinados.

No entanto, a nossa exploração não se deve limitar às páginas deste livro. É crucial aplicar este conhecimento para otimizar o crescimento das plantas, melhorar a segurança alimentar global e promover o desenvolvimento sustentável. Seja na agricultura, na silvicultura, na biotecnologia ou na ecologia, um conhecimento profundo da fisiologia das plantas pode abrir caminho a inovações e práticas mais eficientes e amigas do ambiente.

Ao concluirmos esta viagem pela fisiologia vegetal, temos de estar atentos ao futuro. Estão a surgir novas tecnologias, estão a ser colocadas novas questões e estão a surgir novos desafios. A investigação em fisiologia vegetal continuará a evoluir para satisfazer as necessidades em mudança do nosso planeta e da sua população crescente. Investindo na investigação fundamental e aplicada, encorajando a colaboração e permanecendo abertos a ideias inovadoras, podemos continuar a fazer avançar a nossa compreensão da vida das plantas e a enfrentar os desafios ambientais que se nos deparam.

Referências

Anatomia de uma FOLHA + DIAGRAMA explicativo. (n.d.). projetecolo.com. Recuperado em 11 de fevereiro de 2024, de https://www.projetecolo.com/anatomie-d-une-feuille-schema-d-une-feuille-11.html

Anderson, J. T., & Song, B.-H. (2020). Adaptação das plantas às mudanças climáticas - Onde estamos? *Journal of Systematics and Evolution, 58*(5), 533-545. https://doi.org/10.1111/jse.12649

Anderson, J. T., Willis, J. H., & Mitchell-Olds, T. (2011). Genética evolutiva da adaptação das plantas. *Trends in Genetics, 27*(7), 258-266. https://doi.org/10.1016/j.tig.2011.04.001

Ashapkin, V. V., Kutueva, L. I., Aleksandrushkina, N. I., & Vanyushin, B. F. (2020). Mecanismos epigenéticos de adaptação da planta a estresses bióticos e abióticos. *Revista Internacional de Ciências Moleculares, 21*(20), Artigo 20. https://doi.org/10.3390/ijms21207457

Baluška, F., Mancuso, S., & Volkmann, D. (Eds.). (2006). *Communication in Plants.* Springer. https://doi.org/10.1007/978-3-540-28516-8

Barber, S., & Silberbush, M. (1984). Morfologia da raiz da planta e absorção de nutrientes. *Roots, nutrient and water influx, and plant growth, 49,* 65-87.

Barthet, V. J., & Daun, J. K. (2011). Morfologia, composição e qualidade da semente 5-Seed. Em J. K. Daun, N. A. M. Eskin, & D. Hickling (Eds.), *Canola* (pp. 119-162). AOCS Press. https://doi.org/10.1016/B978-0-9818936-5-5.50009-7

Belhadi, T., & Zillal, C. (2020). *Revisão da literatura sobre o envolvimento de Rhizobacteris Pseudomonas fluorescente. Spp Fluorescentes na melhoria do crescimento das plantas.*

Berry, J., & Bjorkman, O. (1980). Photosynthetic Response and Adaptation to Temperature in Higher Plants (Resposta fotossintética e adaptação à temperatura em plantas superiores). *Annual Review of Plant Physiology, 31*(1), 491-543. https://doi.org/10.1146/annurev.pp.31.060180.002423

Boussac, A., & Mathis, P. (2015). 17. Oxidação da água no coração da fotossíntese. Em A. Euzen, C. Jeandel, & R. Mosseri (Eds.), *L'eau à découvert* (pp. 80-81). CNRS Éditions. https://doi.org/10.4000/books.editionscnrs.9824

Brett, C. T., & Waldron, K. W. (1996). *Fisiologia e bioquímica das paredes celulares das plantas* (Vol. 2). Springer Science & Business Media.

Respiração celular-Definição e exemplos-Dicionário Online de Biologia (2023, junho 14). Artigos de Biologia, Tutoriais & Dicionário Online. https://www.biologyonline.com/dictionary/cellular-respiration

Chaudhry, S., & Sidhu, G. P. S. (2022). Mecanismos de estresse abiótico regulados pelas mudanças climáticas nas plantas: uma revisão abrangente. *Plant Cell Reports, 41*(1), 1-31. https://doi.org/10.1007/s00299-021-02759-5

Collin, P. (2001). Adaptação ao ambiente em plantas vasculares. *L'Année Biologique, 40,* 21-42. https://doi.org/10.1016/S0003-5017(01)72083-1

Conde, A., Chaves, M. M., & Gerós, H. (2011). Transporte, deteção e sinalização de membranas na adaptação das plantas ao stress ambiental. *Plant and Cell Physiology, 52*(9), 1583-1602. https://doi.org/10.1093/pcp/pcr107

Cruiziat, P., Améglio, T., & Cochard, H. (2001). Cavitação: um mecanismo que perturba a circulação da água nas plantas. *Mécanique & Industries, 2*(4), 289-298. https://www.sciencedirect.com/science/article/pii/S1296213901011101

Das, A., Lee, S.-H., Hyun, T. K., Kim, S.-W., & Kim, J.-Y. (2013). Voláteis de plantas como método de comunicação. *Relatórios de Biotecnologia Vegetal, 7*(1), 9-26. https://doi.org/10.1007/s11816-012-0236-1

da Silva Folli-Pereira, M., Sant'Anna Meira-Haddad, L., Vilhena da Cruz Houghton, C. M. N. S. de, & Megumi Kasuya, M. C. (2013). Interações planta-micro-organismo: efeitos na tolerância das plantas a estresses bióticos e abióticos. Em K. R. Hakeem, P. Ahmad, & M. Ozturk (Eds.), *Crop Improvement: New Approaches and Modern Techniques* (pp. 209-238). Springer US. https://doi.org/10.1007/978-1-4614-7028-1_6

Davies, W. J., Tardieu, F., & Trejo, C. L. (1994). How Do Chemical Signals Work in Plants that Grow in Drying Soil? *Plant Physiology, 104*(2), 309-314. https://www.ncbi.nlm.nih.gov/pmc/articles/PMC159200/

Delaporte, D. (2009). Botânica: Constituintes químicos da raiz e outras partes da planta de acordo com o solo. Em P. Goetz, D. Delaporte, & P. Stoltz (Eds.), *Le Ginseng : Vertus thérapeutiques d'une plante adaptogène* (pp. 31-59). Springer. https://doi.org/10.1007/978-2-287-79924-2_3

Dennis Jr, F. G. (1984). Fruit Development. In *Physiological Basis of Crop Growth and Development* (pp. 265-289). John Wiley & Sons, Ltd. https://doi.org/10.2135/1984.physiologicalbasis.c10

Ding, Y., & Yang, S. (2022). Sobrevivendo e prosperando: como as plantas percebem e respondem ao estresse da temperatura. *Developmental Cell, 57*(8), 947-958. https://doi.org/10.1016/j.devcel.2022.03.010

Dumas, C. (2001). Reprodução e desenvolvimento das plantas com flor. *Comptes Rendus de l'Académie des Sciences - Series III - Sciences de la Vie, 324*(6), 517-521. https://doi.org/10.1016/S0764-4469(01)01320-8

El Mekdad, F. (2023). *A rizodeposição em horizontes profundos do solo pode armazenar carbono?*

Enagbonma, B. J., Fadiji, A. E., Ayangbenro, A. S., & Babalola, O. O. (2023). Comunicação entre plantas e microbioma da rizosfera: explorando o microbioma da raiz para uma agricultura sustentável. *Microorganismos, 11*(8), Artigo 8. https://doi.org/10.3390/microorganisms11082003

Evert, R. F. (2006). *Esau's plant anatomy: Meristems, cells, and tissues of the plant body: Their structure, function, and development.* John Wiley & Sons.

Ferry, J. F., & Ward, H. S. (1959). *Fundamentos da fisiologia vegetal.*

Fixação do azoto: definição e explicações. (n.d.). AquaPortail. Recuperado em 11 de fevereiro de 2024, de https://www.aquaportail.com/dictionnaire/definition/2236/fixation-de-l-azote

Flor: definição, anatomia, papel, fotos, utilizações... (n.d.). AquaPortail. Acedido a 12 de fevereiro de 2024, em https://www.aquaportail.com/dictionnaire/definition/7708/fleur

Fortin, J. A., Plenchette, C., & Piché, Y. (2008). Micorrizas. *A nova revolução verde. MultiMonde Quae.(Eds.), Québec.*

Friedman, J., & Barrett, S. C. H. (2009). Wind of change: New insights on the ecology and evolution of pollination and mating in wind-pollinated plants. *Annals of Botany, 103*(9), 1515-1527. https://doi.org/10.1093/aob/mcp035

Fromm, J., & Lautner, S. (2007). Sinais eléctricos e o seu significado fisiológico nas plantas. *Plant, Cell & Environment, 30*(3), 249-257. https://doi.org/10.1111/j.1365-3040.2006.01614.x

Futura (s. d.). *Definição | Ciclo de Calvin-Benson | Planeta Futura*. Futura. Recuperado em 11 de fevereiro de 2024, de https://www.futura-sciences.com/planete/definitions/botanique-cycle-calvin-7427/

Galiana, A. (1990). *Simbiose fixadora de azoto em Acacia mangium-rhizobium.*

García-Servín, M. Á., Mendoza-Sánchez, M., & Contreras-Medina, L. M. (2021). Sinais elétricos como opção de comunicação com as plantas: uma revisão. *Fisiologia Vegetal Teórica e Experimental, 33*(2), 125-139. https://doi.org/10.1007/s40626-021-00203-3

Garcion, C., Lamotte, O., Cacas, J.-L., & Métraux, J.-P. (2014). Mecanismos de defesa contra patógenos: bioquímica e fisiologia. In *Induced Resistance for Plant Defense* (pp. 106-136). John Wiley & Sons, Ltd. https://doi.org/10.1002/9781118371848.ch6

Givnish, T. (1979). On the Adaptive Significance of Leaf Form (Sobre o significado adaptativo da forma da folha). Em O. T. Solbrig, S. Jain, G. B. Johnson, & P. H. Raven (Eds.), *Topics in Plant Population Biology* (pp. 375-407). Macmillan Education UK. https://doi.org/10.1007/978-1-349-04627-0_17

Guarino, F., Cicatelli, A., Castiglione, S., Agius, D. R., Orhun, G. E., Fragkostefanakis, S., Leclercq, J., Dobránszki, J., Kaiserli, E., Lieberman-Lazarovich, M., Sõmera, M., Sarmiento, C., Vettori, C., Paffetti, D., Poma, A. M. G., Moschou, P. N., Gašparović, M., Yousefi, S., Vergata, C., ... Martinelli, F. (2022). Um alfabeto epigenético de adaptação das culturas às mudanças climáticas. *Fronteiras em Genética, 13.* https://www.frontiersin.org/journals/genetics/articles/10.3389/fgene.2022.818727

Guo, L., Luo, X., Li, M., Joldersma, D., Plunkert, M., & Liu, Z. (2022). Mecanismo de síntese de auxina induzida por fertilização no endosperma para o desenvolvimento de sementes e frutos. *Nature Communications, 13*(1), Artigo 1. https://doi.org/10.1038/s41467-022-31656-y

Gurrieri, L., Fermani, S., Zaffagnini, M., Sparla, F., & Trost, P. (2021). A regulação do ciclo Calvin-Benson está ficando complexa. *Tendências em Ciências Vegetais, 26*(9), 898-912. https://doi.org/10.1016/j.tplants.2021.03.008

Harborne, J. B. (2007). Role of Secondary Metabolites in Chemical Defence Mechanisms in Plants (Papel dos Metabolitos Secundários nos Mecanismos de Defesa Química das Plantas). In *Ciba Foundation Symposium 154-Bioactive Compounds from Plants* (pp. 126-139). John Wiley & Sons, Ltd. https://doi.org/10.1002/9780470514009.ch10

Harfouche, A., Meilan, R., & Altman, A. (2014). Respostas moleculares e fisiológicas ao estresse abiótico em árvores florestais e sua relevância para o melhoramento de árvores. *Tree Physiology, 34*(11), 1181-1198. https://doi.org/10.1093/treephys/tpu012

Hermann, K., & Kuhlemeier, C. (2011). A arquitetura genética da variação natural na morfologia das flores. *Current Opinion in Plant Biology, 14*(1), 60-65. https://doi.org/10.1016/j.pbi.2010.09.012

Hodge, A., Berta, G., Doussan, C., Merchan, F., & Crespi, M. (2009). *Crescimento, arquitetura e função das raízes das plantas.*

Hopkins, W. G. (2003). *Fisiologia Vegetal.* De Boeck Supérieur.

Jain, V. (2018). *Fundamentos da fisiologia vegetal.* S. Chand Publishing.

Kevan, P. G., & Baker, H. G. (1983). Insects as Flower Visitors and Pollinators (Insectos como Visitantes e Polinizadores de Flores). *Annual Review of Entomology, 28*(1), 407-453. https://doi.org/10.1146/annurev.en.28.010183.002203

Kigel, J. (1995). *Seed Development and Germination (Desenvolvimento e Germinação de Sementes).* CRC Press.

Kolb, E., Legué, V., & Bogeat-Triboulot, M.-B. (2017). Interacções físicas entre a raiz e o solo. *Physical biology, 14*(6), 065004.

Komine, T., & Nakagawa, M. (2003). Sistema integrado de comunicação de luz visível por LED branco e comunicação por linha eléctrica. *IEEE Transactions on Consumer Electronics, 49*(1), 71-79. https://doi.org/10.1109/TCE.2003.1205458

Krishnan, M., Nguyen, H. T., & Burke, J. J. (1989). Heat Shock Protein Synthesis and Thermal Tolerance in Wheat 1. *Plant Physiology, 90*(1), 140-145. https://doi.org/10.1104/pp.90.1.140

Fotossíntese: um tema para estudo futuro. (2020, 22 de julho). Blogue Oleomac. https://blog.oleomac.fr/la-photosynthese/

Laoué, J., Fernandez, C., & Ormeño, E. (2022). Flavonóides vegetais em espécies mediterrâneas: um foco em flavonóis como metabólitos protetores sob estresse climático. *Plantas, 11*(2), Artigo 2. https://doi.org/10.3390/plants11020172

O Segredo das Sementes (n.d.). Recuperado em 12 de fevereiro de 2024, de http://www.laviesaine.fr/actualites/lepointsur-/1799/lesecretdesgraines/

O sistema radicular. (s. d.). Biologia101. Recuperado em 11 de fevereiro de 2024, de https://www.biologie101.fr/biologie-vegetale/appareil-vegetatif-plante/systeme-racinaire

Leopold, A. C., Sun, W. Q., & Bernal-Lugo, I. (1994). The glassy state in seeds: Analysis and function. *Seed Science Research, 4*(3), 267-274. https://doi.org/10.1017/S0960258500002294

Liu, L., Sonbol, F.-M., Huot, B., Gu, Y., Withers, J., Mwimba, M., Yao, J., He, S. Y., & Dong, X. (2016). Os receptores de ácido salicílico ativam a sinalização do ácido jasmônico por meio de uma via não canônica para promover a imunidade acionada por efetores. *Nature Communications, 7*(1), Artigo 1. https://doi.org/10.1038/ncomms13099

Martin, A. (2022, 9 de junho). Reprodução sexual em plantas com flores. *Faculdade de Aprendizagem Online.* https://online-learning-college.com/knowledge-hub/gcses/gcse-biology-help/sexual-reproduction-in-flowering-plants/

Mazziotti, M. (2017). *Impacto dos exsudatos radiculares de Miscanthus x giganteus nos microrganismos envolvidos na biorremediação de um solo contaminado com benzo (a) antraceno.* Universidade de Lorena.

Michaels, T., Clark, M., Hoover, E., Irish, L., Smith, A., & Tepe, E. (2022). *8.1 Morfologia do fruto*. https://open.lib.umn.edu/horticulture/chapter/8-1-fruit-morphology/

Modificação do imprint radicular da ervilha em resposta ao défice hídrico (s. d.). INRAE Institucional. Acedido a 11 de fevereiro de 2024, em https://www.inrae.fr/actualites/modification-lempreinte-racinaire-du-pois-reponse-au-manque-deau

Molecular Expressions Cell Biology: Estrutura das células vegetais - Organização dos tecidos foliares. (n.d.). Recuperado em 11 de fevereiro de 2024, de https://micro.magnet.fsu.edu/cells/leaftissue/leaftissue.html

Morison, J. I. L., & Lawlor, D. W. (1999). Interacções entre o aumento da concentração de CO2 e a temperatura no crescimento das plantas. *Plant, Cell & Environment, 22*(6), 659-682. https://doi.org/10.1046/j.1365-3040.1999.00443.x

Micorriza: definição, tipos detalhados, diagramas. (n.d.). AquaPortail. Acedido a 11 de fevereiro de 2024, em https://www.aquaportail.com/dictionnaire/definition/9221/mycorhize

Nagwa (n.d.). *Ficha explicativa da lição: Transpiração | Nagwa*. Recuperado em 11 de fevereiro de 2024, de https://www.nagwa.com/fr/explainers/202135215651/

Nicotra, A. B., Atkin, O. K., Bonser, S. P., Davidson, A. M., Finnegan, E. J., Mathesius, U., Poot, P., Purugganan, M. D., Richards, C. L., Valladares, F., & Kleunen, M. van. (2010). Plasticidade fenotípica das plantas num clima em mudança. *Trends in Plant Science, 15*(12), 684-692. https://doi.org/10.1016/j.tplants.2010.09.008

Nürnberger, T., & Kemmerling, B. (2008). Padrões moleculares associados a agentes patogénicos (PAMP) e imunidade desencadeada por PAMP. Em *Annual Plant Reviews Volume 34: Molecular Aspects of Plant Disease Resistance* (pp. 16-47). John Wiley & Sons, Ltd. https://doi.org/10.1002/9781444301441.ch2

Oguchi, R., Hikosaka, K., & Hirose, T. (2003). Does the photosynthetic light-acclimation need change in leaf anatomy? *Plant, Cell & Environment, 26*(4), 505-512. https://doi.org/10.1046/j.1365-3040.2003.00981.x

O'Neill, S. D. (1997). Pollination Regulation of Flower Development. *Annual Review of Plant Physiology and Plant Molecular Biology*, *48*(1), 547-574. https://doi.org/10.1146/annurev.arplant.48.1.547

Parênquima: definição e explicações. (s. d.). AquaPortail. Recuperado em 12 de fevereiro de 2024, de https://www.aquaportail.com/dictionnaire/definition/1272/parenchyme

Parker, J. E. (2000). Sinalização na resistência das plantas às doenças. Em *Molecular Plant Pathology*. CRC Press.

Payette, S., & Filion, L. (2018). *Dendroecologia: Princípios, métodos e aplicações*. Imprensa da Universidade de Laval.

Plavcová, L., & Jansen, S. (2015). O papel do parênquima do xilema no armazenamento e utilização de carboidratos não estruturais. Em U. Hacke (Ed.), *Functional and Ecological Xylem Anatomy* (pp. 209-234). Springer International Publishing. https://doi.org/10.1007/978-3-319-15783-2_8

Postel, S., & Kemmerling, B. (2009). Sistemas vegetais para reconhecimento de padrões moleculares associados a patógenos. *Seminários em Biologia Celular e do Desenvolvimento*, *20*(9), 1025-1031. https://doi.org/10.1016/j.semcdb.2009.06.002

Prisa, D. (2023). Papel dos microorganismos na comunicação entre o solo e as plantas. *Karbala International Journal of Modern Science*, *9*(2). https://doi.org/10.33640/2405-609X.3287

Rabinowitch, E. (1949). *Photosynthesis*. Comissão de Energia Atómica dos EUA.

Rathore, J. S., & Ghosh, C. (2018). Padrões moleculares associados a patógenos e sua perceção em plantas. Em A. Singh & I. K. Singh (Eds.), *Aspectos moleculares da interação planta-patógeno* (pp. 79-113). Springer. https://doi.org/10.1007/978-981-10-7371-7_4

Ratto, F., Simmons, B. I., Spake, R., Zamora-Gutierrez, V., MacDonald, M. A., Merriman, J. C., Tremlett, C. J., Poppy, G. M., Peh, K. S.-H., & Dicks, L. V. (2018). Importância global dos polinizadores vertebrados para o sucesso reprodutivo das plantas: uma meta-análise. *Frontiers in Ecology and the Environment*, *16*(2), 82-90. https://doi.org/10.1002/fee.1763

Revisão de células vegetais vs. células animais (lição) | Khan Academy (n. d.). Recuperado em 11 de fevereiro de 2024, de https://fr.khanacademy.org/_render

Rizodeposição. (2023). In *Wikipedia.* https://fr.wikipedia.org/w/index.php?title=Rhizod%C3%A9position&oldid=203 911964

Sharma, A., Kohli, S., Khanna, K., M, R., Kumar, V., Bhardwaj, R., Brestic, M., Skalicky, M., Landi, M., & Zheng, B. (2023). Ácido Salicílico: Uma Molécula Fenólica com Múltiplos Papéis em Plantas Estressadas por Sal. *Journal of Plant Growth Regulation, 42,* 1-25. https://doi.org/10.1007/s00344-022-10902-z

Showalter, A. M. (1993). Estrutura e função das proteínas da parede celular das plantas. *A célula vegetal, 5*(1), 9.

SIMON, M. (2009, 31 de agosto). *Água, da absorção à transpiração.* Curso de Farmácia. https://www.cours-pharmacie.com/biologie-vegetale/leau-de-labsorption-a-la-transpiration.html

Sirvydas, A., Kučinskas, V., Kerpauskas, P., Nadzeikiene, J., & Kusta, A. (2010). Pulsações de energia de radiação solar em uma folha de planta. *Journal of Environmental Engineering and Landscape Management, 18*(3), 188-195. https://doi.org/10.3846/jeelm.2010.22

Smith, W. K., Vogelmann, T. C., DeLucia, E. H., Bell, D. T., & Shepherd, K. A. (1997). Leaf Form and Photosynthesis (Forma da folha e fotossíntese). *BioScience, 47*(11), 785-793. https://doi.org/10.2307/1313100

Songer, C. J., & Mintzes, J. J. (1994). Understanding cellular respiration: An analysis of concetual change in college biology (Compreender a respiração celular: uma análise da mudança concetual na biologia universitária). *Journal of Research in Science Teaching, 31*(6), 621-637.

sonika (2023, 11 de setembro). Fertilização em plantas, definição, processo e seus tipos. *Career Power.* https://www.careerpower.in/school/biology/fertilization-in-plants

Thimann, K. V. (1967). Capítulo I - Fototropismo. Em M. Florkin & E. H. Stotz (Eds.), *Comprehensive Biochemistry* (Vol. 27, pp. 1-29). Elsevier. https://doi.org/10.1016/B978-1-4831-9716-6.50009-4

van Lenteren, J., & Ponti, O. M. B. (1991). Morfologia das folhas das plantas, resistência das plantas hospedeiras e controlo biológico. *Symp. Biol. Hung. 39*, 365-386.

Volkov, A. G., Toole, S., & WaMaina, M. (2019). Transmissão de sinal elétrico na rede de toda a planta. *Bioelectrochemistry, 129*, 70-78. https://doi.org/10.1016/j.bioelechem.2019.05.003

Wehner, J., Antunes, P. M., Powell, J. R., Mazukatow, J., & Rillig, M. C. (2010). Proteção de agentes patogénicos de plantas por micorrizas arbusculares: um papel para a diversidade fúngica? *Pedobiologia, 53*(3), 197-201.

Wilson, C. L., & Just, T. (1939). The morphology of the flower. *The Botanical Review, 5*(2), 97-131. https://doi.org/10.1007/BF02878180

Yoo, C. Y., Pence, H. E., Hasegawa, P. M., & Mickelbart, M. V. (2009). Regulação da transpiração para melhorar o uso da água nas culturas. *Critical Reviews in Plant Sciences, 28*(6), 410-431. https://doi.org/10.1080/07352680903173175

Yoshihara, K., & Kumazaki, S. (2000). Primary processes in plant photosynthesis: Photosystem I reaction center. *Journal of Photochemistry and Photobiology C: Photochemistry Reviews, 1*(1), 22-32.

Zavafer, A., Bates, H., Mancilla, C., & Ralph, P. J. (2023). Fenómica: Conceptualização e importância para a fisiologia vegetal. *Tendências em ciência das plantas*.

Zhang, H., Zhong, H., Wang, Ji., Sui, X., & Xu, N. (2016). Mudanças adaptativas no conteúdo de clorofila e características fotossintéticas para pouca luz em Physocarpus amurensis Maxim e Physocarpus opulifolius 'Diabolo'. *PeerJ, 4*, e2125. https://doi.org/10.7717/peerj.2125

Zhang, J. Z., & Reisner, E. (2020). Avanço da fotoeletroquímica do fotossistema II para fotossíntese semi-artificial. *Nature Reviews Chemistry, 4*(1), Artigo 1. https://doi.org/10.1038/s41570-019-0149-4

Zhang, Y., Chen, C., Jin, Z., Yang, Z., & Li, Y. (2022). Anatomia da folha, fotossíntese e ultraestrutura do cloroplasto de mudas de *Heptacodium miconioides* revelam adaptação ao ambiente de luz. *Environmental and Experimental Botany, 195*, 104780. https://doi.org/10.1016/j.envexpbot.2022.104780

Zhu, X.-G., Long, S. P., & Ort, D. R. (2010). Improving Photosynthetic Efficiency for Greater Yield (Melhorando a eficiência fotossintética para maior rendimento).

Annual Review of Plant Biology, 61(1), 235-261. https://doi.org/10.1146/annurev-arplant-042809-112206

Buy your books fast and straightforward online - at one of world's fastest growing online book stores! Environmentally sound due to Print-on-Demand technologies.

Buy your books online at
www.morebooks.shop

Compre os seus livros mais rápido e diretamente na internet, em uma das livrarias on-line com o maior crescimento no mundo! Produção que protege o meio ambiente através das tecnologias de impressão sob demanda.

Compre os seus livros on-line em
www.morebooks.shop

Printed by Books on Demand GmbH, Norderstedt / Germany